全国普通高等学校机械类"十二五"规划系列教材

画法几何及机械制图习题集(第二版)

主　　编　许良元　郭颖杰
副 主 编　林　双　吴彦红
参　　编　文建萍　樊十全　肖怀国
　　　　　江　庆　胡晓丽　段武茂

华中科技大学出版社
中国·武汉

内 容 简 介

本书是江西农业大学吴彦红、福建农林大学林双主编的教材《画法几何及机械制图》(华中科技大学出版社)的配套习题集。

本习题集的编排顺序与《画法几何与机械制图》一致,共9章。主要内容有:制图的基本知识与技能,点、直线、平面的投影,立体,组合体,轴测图,机件常用的表达方法,标准件与常用件,零件图,装配图。

本习题集适合70～120学时机械类和近机类专业选用,可供理工科大学本科、高职高专和成人教育、社会自学考试等相关专业使用。

图书在版编目(CIP)数据

画法几何及机械制图习题集/许良元,郭颖杰主编. —2版. —武汉:华中科技大学出版社,2016.8(2021.1重印)
全国普通高等学校机械类"十二五"规划系列教材
ISBN 978-7-5680-2115-9

Ⅰ.①画… Ⅱ.①许… ②郭… Ⅲ.①画法几何-高等学校-习题集 ②机械制图-高等学校-习题集 Ⅳ.TH126-44

中国版本图书馆 CIP 数据核字(2016)第 200708 号

画法几何及机械制图习题集(第二版) 　　　　　　　　　　　　　　　　　　　　　　许良元　郭颖杰　主编
Huafa Jihe ji Jixie Zhitu Xitiji(Di-er-Ban)

策划编辑:俞道凯	
责任编辑:姚　幸	
封面设计:范翠璇	
责任校对:张　琳	
责任监印:周治超	
出版发行:华中科技大学出版社(中国·武汉)	电话:(027)81321913
武汉市东湖新技术开发区华工科技园	邮编:430223
录　　排:武汉三月禾文化传播有限公司	
印　　刷:湖北大合印务有限公司	
开　　本:787mm×1092mm　1/8	
印　　张:19	
字　　数:316千字	
版　　次:2013年8月第1版　2021年1月第2版第5次印刷	
定　　价:38.80元	

本书若有印装质量问题,请向出版社营销中心调换
全国免费服务热线:400-6679-118　　竭诚为您服务
版权所有　侵权必究

前 言

本书是吴彦红、林双主编的教材《画法几何及机械制图》（华中科技大学出版社）的配套习题集。此次在 2013 年第一版的基础上，根据教育部高等学校工程图学教学指导委员会 2010 年制订的"普通高等学校工程图学课程教学基本要求"，结合《画法几何及机械制图》第二版的修订内容进行了修订。

本习题集基本保持了第一版的编写特点，以培养学生的空间构思能力为核心，以培养绘图、看图能力为基础，与教材修订同步，主要体现在以下几个方面。

1. 本习题集内容体系的安排与教材保持一致，并相互融合；习题集每一页都采用"X-X"数码编写，前一数码表示某章，后一数码表示这一章的某大题。
2. 在本习题集的内容编排上，各知识点由易到难，逐步提高，符合学生认知和学习的规律。
3. 在线面投影部分，增加了相交、垂直问题的题量，题目的深度和难度都有所增加，以适应不同专业的需求。
4. 在装配图部分，调整了"由零件图拼画装配图"的题目，增加了"由装配图拆画零件图"的题量，以强化学生的绘图和看图能力，适应不同专业的需求。
5. 采用最新颁布实施的国家标准。如"8-1 标注表面结构符号"、"8-2 极限与配合、几何公差"等按相应的国家标准作了全面修改。
6. 在保证课程教学基本要求的前提下，习题留有一定的余量，供使用本习题集的教师根据教学时数的多少选留作业，便于教师组织教学。
7. 本习题集中的大作业可根据各校情况和学时选做。既可用尺规作图、徒手绘图，也可用计算机绘制。

本习题集由许良元、郭颖杰任主编，林双、吴彦红任副主编。参加编写的还有文建萍、樊十全、肖怀国、江庆、胡晓丽、段武茂等。

在编写过程中，参考了国内一些同类习题集和有关资料，在此特向有关作者致谢！

由于编者水平有限，本习题集中难免存在缺点和错误，恳请读者批评指正。

编　者
2016 年 5 月 30 日

目　录

第1章　制图的基本知识与技能 …………………………… (1)

- 1-1　字体练习 ………………………………………… (1)
- 1-2　图线和尺寸注法练习 …………………………… (2)
- 1-3　平面图形尺寸标注 ……………………………… (3)
- 1-4　斜度和锥度练习 ………………………………… (4)
- 1-5　椭圆画法练习 …………………………………… (4)
- 1-6　综合练习 ………………………………………… (4)
- 1-7　抄画或上机绘制图形 …………………………… (5)
- 1-8　第一次大作业——基本练习 …………………… (5)

第2章　点、直线、平面的投影 ……………………………… (7)

- 2-1　根据轴测图，找出对应的三视图 ……………… (7)
- 2-2　根据轴测图，在指定的位置绘制形体的三视图 …… (8)
- 2-3　点的投影 ………………………………………… (9)
- 2-4　直线的投影 ……………………………………… (10)
- 2-5　平面的投影 ……………………………………… (12)
- 2-6　直线与平面、平面与平面的相对位置 ………… (13)
- 2-7　换面法 …………………………………………… (16)

第3章　立体 …………………………………………………… (18)

- 3-1　立体投影及其表面上的点 ……………………… (18)
- 3-2　平面与平面立体相交 …………………………… (19)
- 3-3　平面与回转体相交 ……………………………… (20)
- 3-4　立体与立体相交 ………………………………… (22)

第4章　组合体 ………………………………………………… (24)

- 4-1　根据三视图，补画组合体中所缺图线 ………… (24)
- 4-2　组合体三视图的草图练习 ……………………… (25)
- 4-3　绘制立体的三视图 ……………………………… (26)
- 4-4　组合体的尺寸标注 ……………………………… (27)
- 4-5　补全三视图中所缺漏的尺寸 …………………… (28)
- 4-6　补画视图中所缺图线 …………………………… (29)
- 4-7　由主、俯视图选择正确的左视图 ……………… (30)
- 4-8　组合体线面分析 ………………………………… (31)
- 4-9　根据所绘视图，分析并补画第三视图 ………… (32)
- 4-10　第二次大作业——组合体三视图 …………… (35)

第5章　轴测图 ………………………………………………… (36)

- 5-1　根据投影图，画出正等轴测图 ………………… (36)
- 5-2　根据投影图，画出斜二轴测图 ………………… (38)

第6章　机件常用的表达方法 ………………………………… (39)

- 6-1　机件的基本视图、向视图、局部视图 ………… (39)
- 6-2　机件的斜视图 …………………………………… (40)
- 6-3　全剖视图 ………………………………………… (40)
- 6-4　全剖视图、半剖视图 …………………………… (42)
- 6-5　局部剖视图 ……………………………………… (43)

6-6 分析、判断半剖视图、局部剖视图的对错 ……………… (44)
6-7 画全剖视图练习 ……………………………………… (45)
6-8 斜剖和组合剖视图 …………………………………… (46)
6-9 简化画法及综合练习 ………………………………… (47)
6-10 断面图 ………………………………………………… (48)
6-11 第三次大作业——表达方法综合应用 ……………… (49)

第7章 标准件与常用件 …………………………………… (51)
7-1 螺纹的规定画法 ……………………………………… (51)
7-2 螺纹的标注 …………………………………………… (52)
7-3 螺纹紧固件 …………………………………………… (52)
7-4 螺纹紧固件连接的画法 ……………………………… (53)
7-5 直齿圆柱齿轮的规定画法 …………………………… (55)
7-6 键、滚动轴承和弹簧的画法 ………………………… (56)

第8章 零件图 ………………………………………………… (57)
8-1 标注表面结构符号 …………………………………… (57)
8-2 极限与配合、几何公差 ……………………………… (58)
8-3 读零件图 ……………………………………………… (59)
8-4 第四次大作业——根据零件轴测图画零件图 ……… (62)

第9章 装配图 ………………………………………………… (64)
9-1 由零件图拼画装配图 ………………………………… (64)
9-2 读装配图和由装配图拆画零件图 …………………… (68)

第1章　制图的基本知识与技能

1-1 字体练习

1. 书写汉字（长仿宋体）。

机械制图校核比例件数材料序号名称重量

螺栓母垫圈钉柱齿轮平键轴承底座环杆套

汉字字体端正笔划清楚排列整齐间隔均匀

国家标准投影公差轴套盘盖叉架箱体密封

2. 书写数字和字母。

1234567890ABCDEF

IJKLMNOPQRSTUVWX

abcdefghijklmnop

qrstuvwxyzabcde

Ⅰ Ⅱ Ⅲ Ⅳ Ⅴ Ⅵ Ⅶ Ⅷ Ⅸ Ⅹ

| 专业班级 | 姓名 | 学号 | 1 |

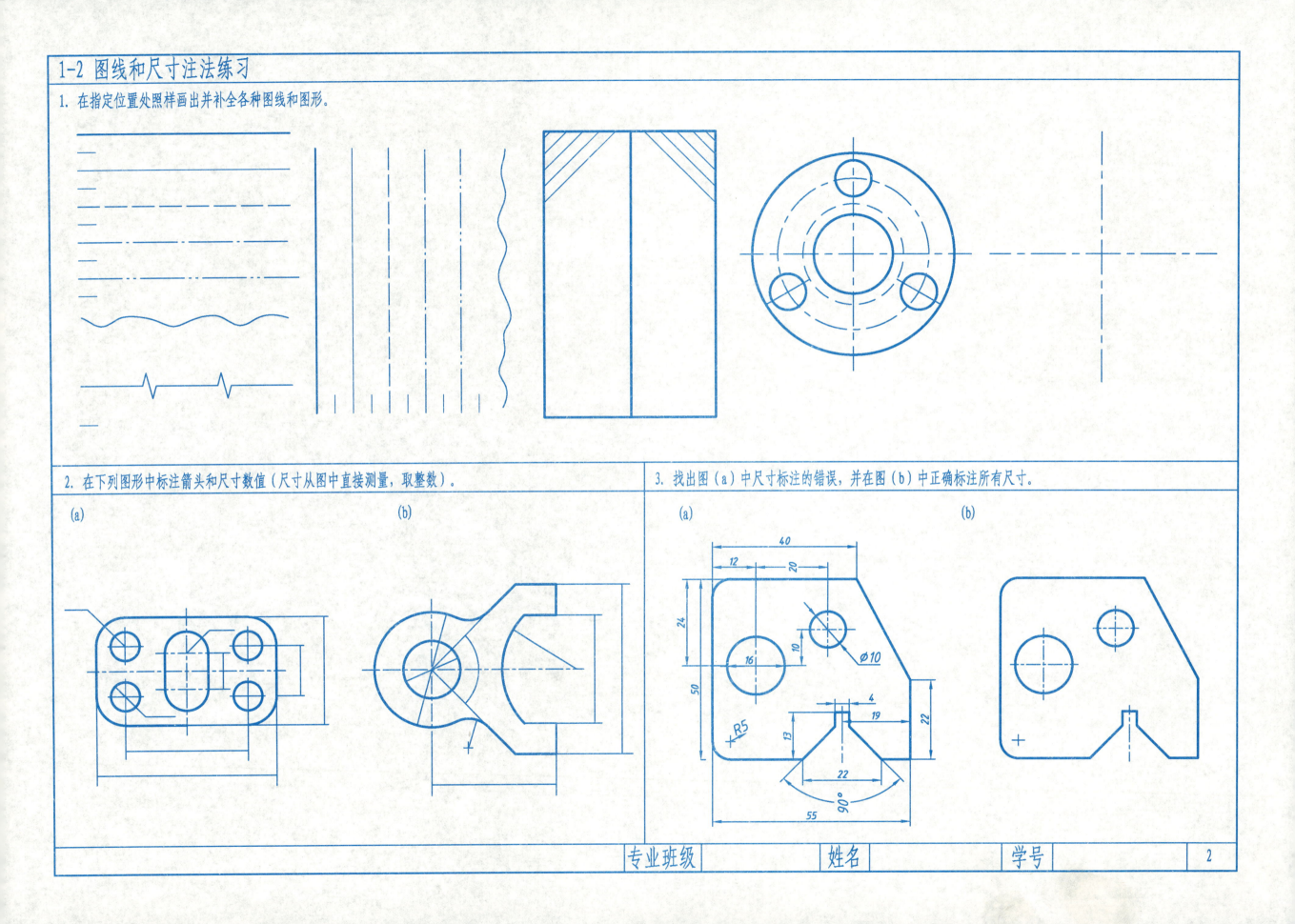

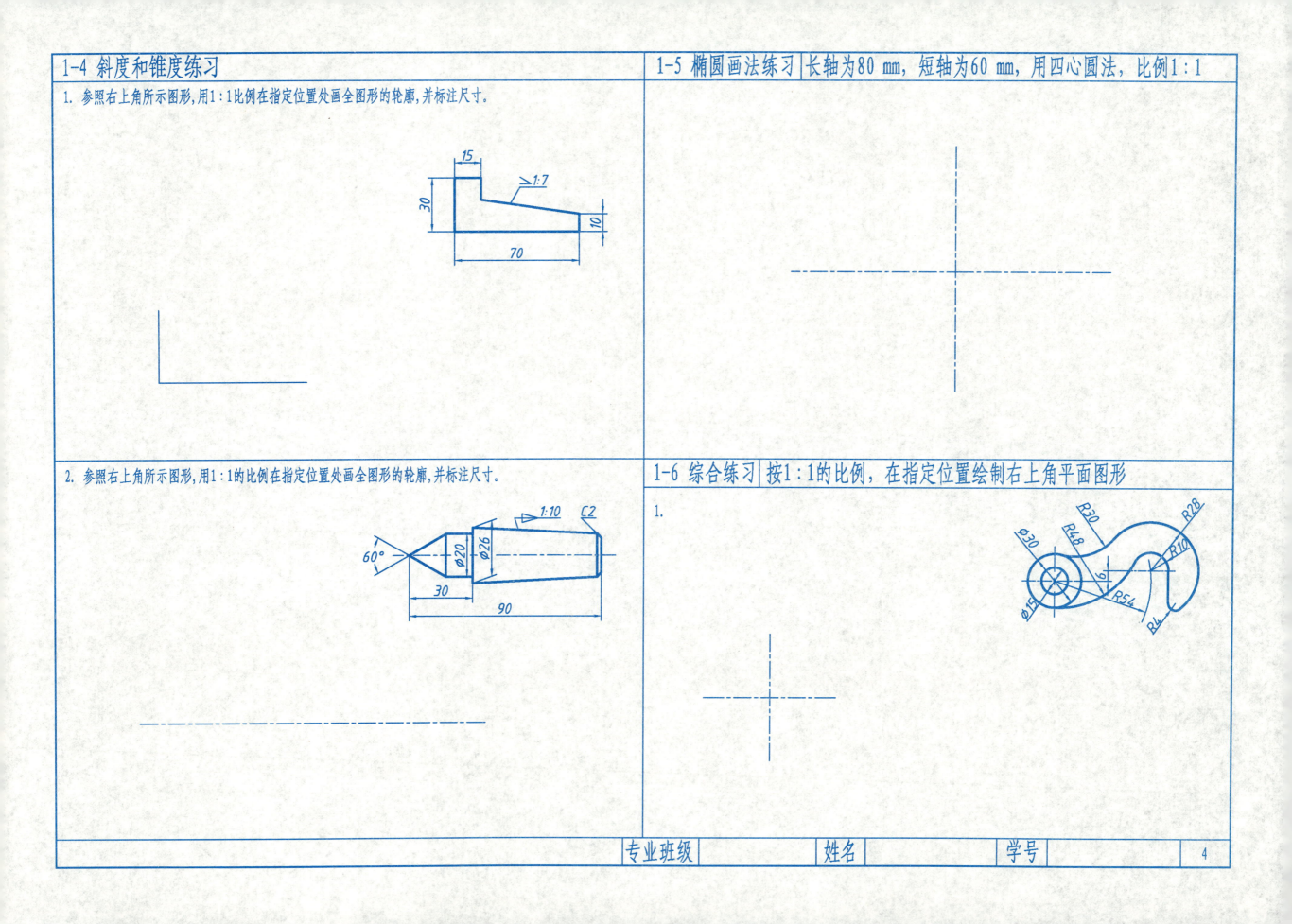

1-6 综合练习 按1:1的比例，在指定位置绘制右上角平面图形

2.

3.

1-7 抄画或上机绘制图形

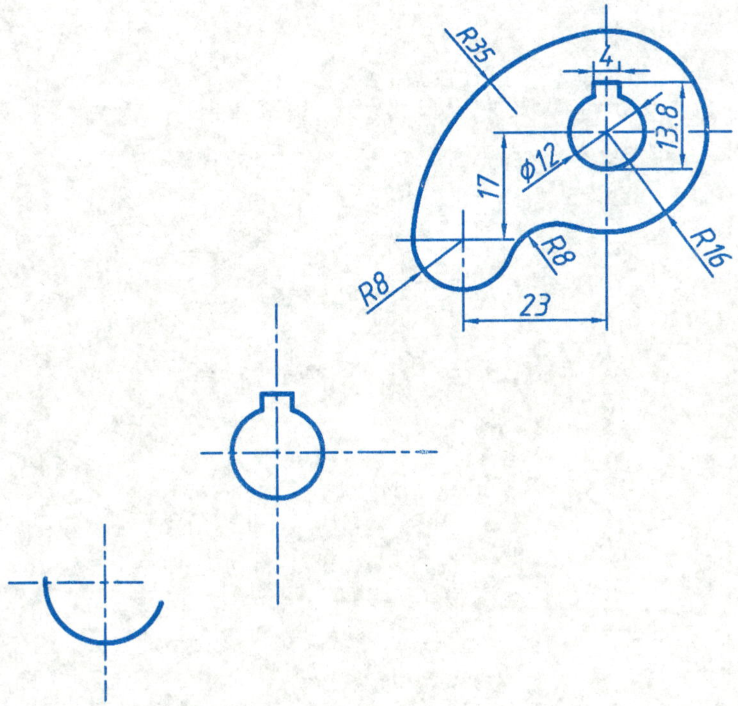

1. 按1:1的比例，用A4图纸抄画下图，或上机绘制。

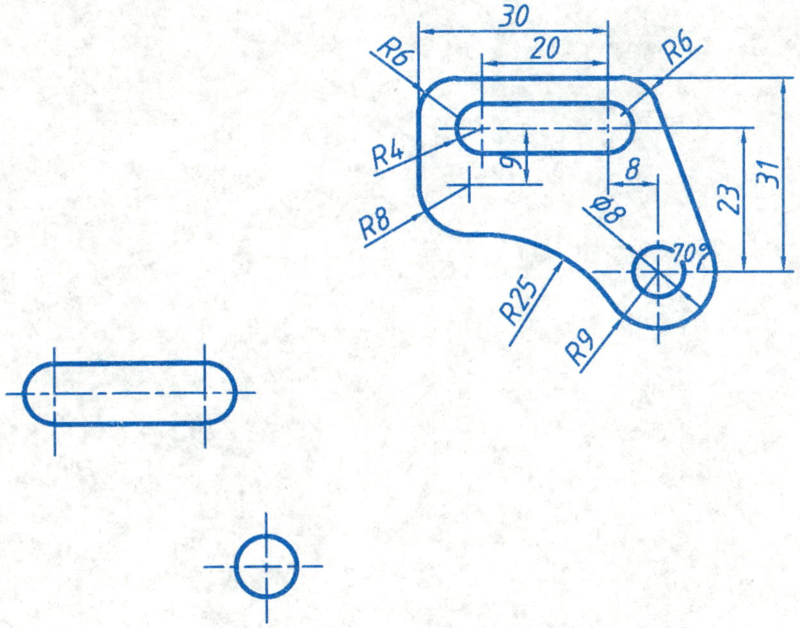

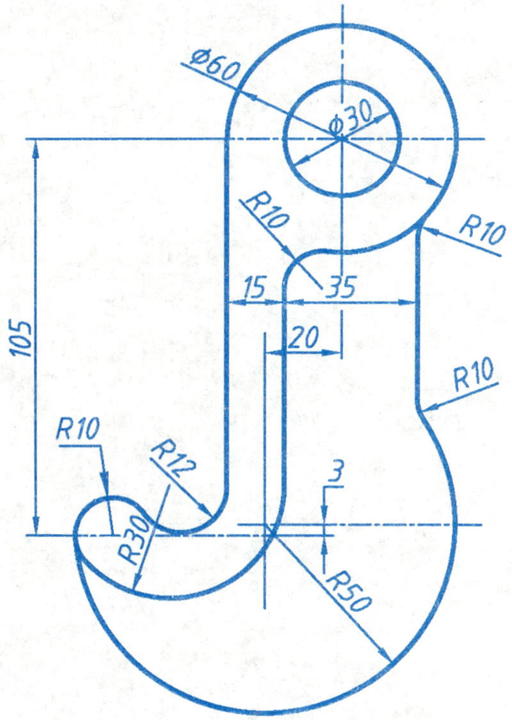

2.

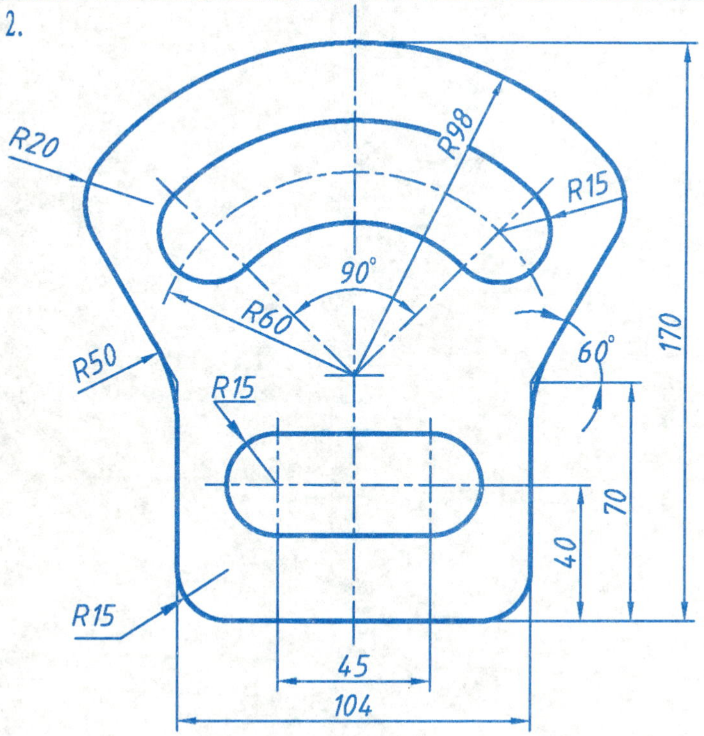

1-8 第一次大作业——基本练习

一、作业目的和内容

1. 目的：初步掌握机械制图国家标准的有关内容，学会绘图仪器和工具的使用方法。

2. 内容：（1）抄画线型（不注尺寸）；

（2）抄画平面图形（标注尺寸）。

二、图名、图幅、比例

1. 图名：基本作图。

2. 图幅：A3图纸，横放。

3. 比例：1:1。

三、绘图步骤及注意事项

1. 绘图前，应对所画图形进行仔细分析、研究，以确定正确的作图步骤，在布置图面时，还应考虑预留标注尺寸的位置。

2. 线型：粗实线宽度为0.7 mm，虚线、点画线及细实线宽度为粗实线的1/2。

3. 字体：图中的汉字均写成长仿宋体；标题栏内图名及图号为10号字；校名为7号字；姓名写在"制图"栏内，用5号字；图中尺寸数字3.5号字。

4. 完成底稿后，经仔细校核后方可加深。

| 专业班级 | 姓名 | 学号 | 5 |

1-8 第一次大作业——基本练习

| 专业班级 | 姓名 | 学号 |

第2章 点、直线、平面的投影

2-1 根据轴测图，找出对应的三视图，将其序号填写在三视图右下角的圆圈内

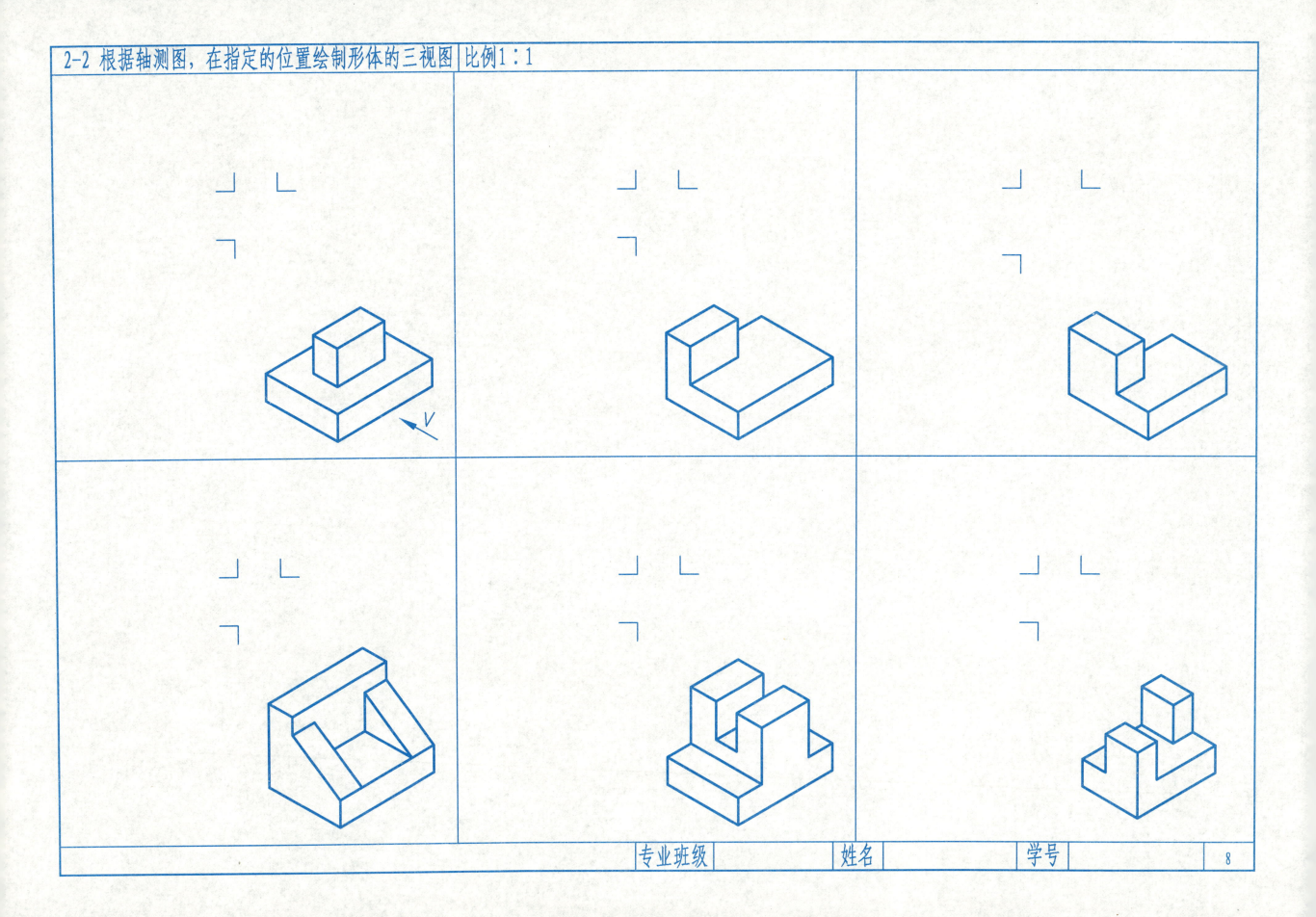

2-3 点的投影

1. 按照轴测图，作出点A、B、C、D的三面投影。

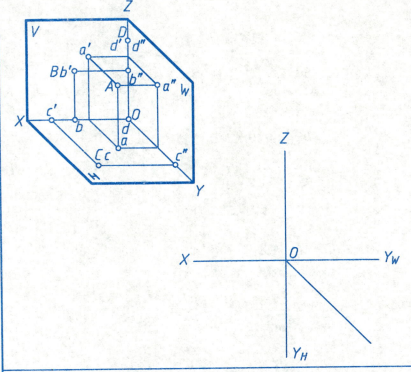

2. 作出点A（5,20,15）、B（13,5,20）、C（20,0,10）的三面投影。

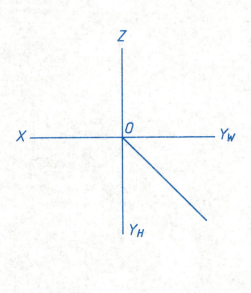

3. 已知各点的两面投影，求作它们的第三面投影。

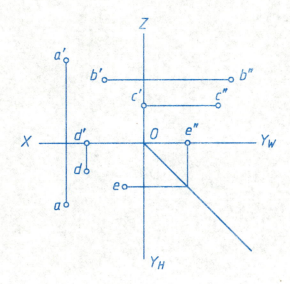

4. 根据两点的相对位置，作出点B、C的三面投影。（1）点B在点A之左10 mm，之前6 mm，之上8 mm；（2）点C在点A之下12 mm，与V、W面相距7 mm。

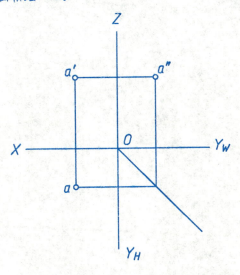

5. 求出各点的第三面投影，连接各点的同面投影，并回答问题。

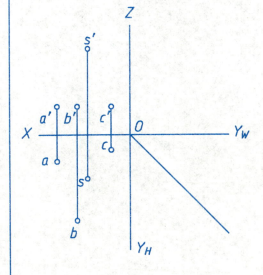

点B在点A之
（左、右）_____ mm；
（上、下）_____ mm；
（前、后）_____ mm。

点B在点S之
（左、右）_____ mm；
（上、下）_____ mm；
（前、后）_____ mm。

该投影图表示了一个 _____（立体）。

6. 判别各重影点的可见性。

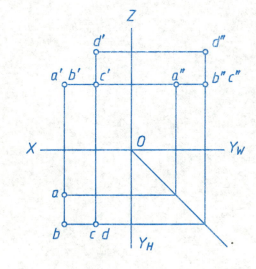

2-4 直线的投影

1. 判别下列直线相对投影面的位置，写出直线的名称。

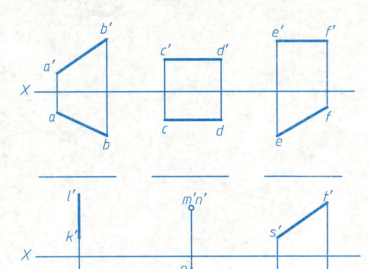

2. 根据三棱锥的两面投影，判别其轮廓线相对于投影面的位置。

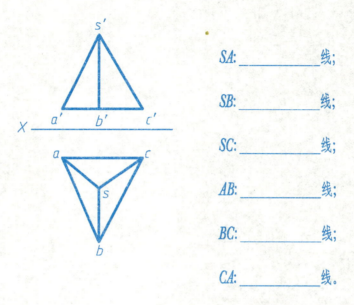

SA: _____ 线；

SB: _____ 线；

SC: _____ 线；

AB: _____ 线；

BC: _____ 线；

CA: _____ 线。

3. 求直线AB的实长及对H面、V面的倾角α和β。

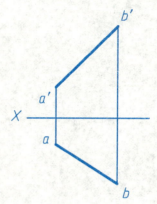

4. 补全各直线的两面投影。

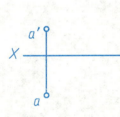 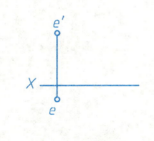

（AB为正平线，AB=15 mm，α=45°）（EF为水平线，EF=20 mm，β=30°）

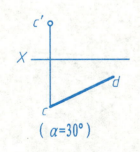 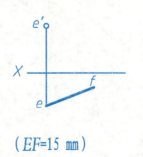

（α=30°）　　　　　（EF=15 mm）

5. 已知直线的两面投影，求其上各点的两面投影。
（1）求作侧平线AB上点K的正面投影。
（2）求作CD上的点M和点N，点M分直线CD为CM：MD=2：3；点N距H面10 mm。
（3）求作EF上的点S，ES=20 mm。

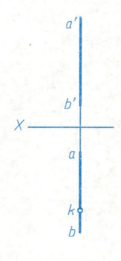 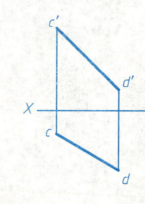 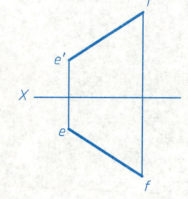

2-4 直线的投影

6. 标注两交叉直线的重影点，并判别可见性。

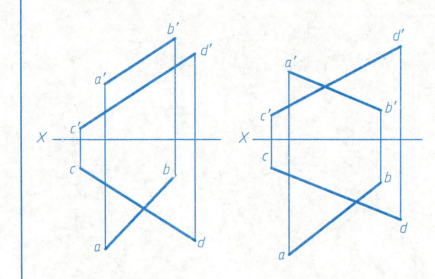

7. 判别两直线的相对位置（平行、相交、交叉、垂直相交、垂直交叉）。

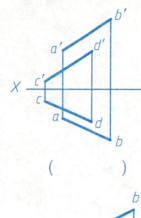 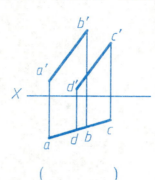 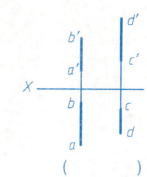 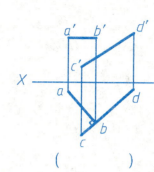
（　　） （　　） （　　） （　　）

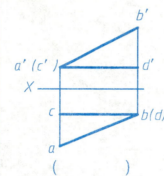 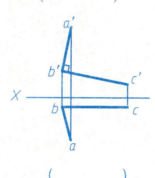 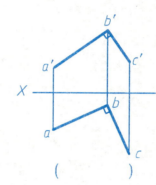 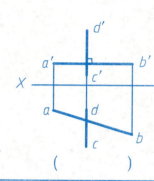
（　　） （　　） （　　） （　　）

8. 作直线MN，与AB、CD相交，与EF平行。

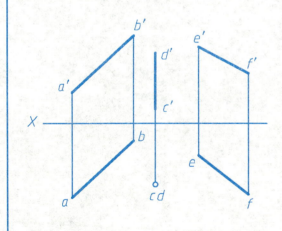

9. 求距离。
（1）求点K到直线MN的距离。
（2）求直线AB与CD的距离。

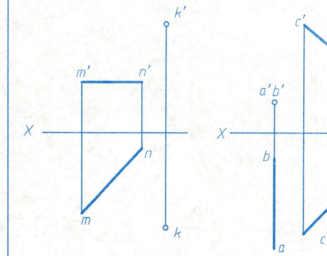

10. 完成正方形ABCD的两面投影。

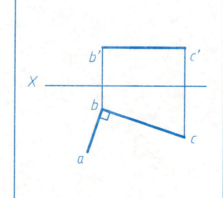

11. 已知等边三角形ABC的顶点A的两面投影，并知顶点B和C属于直线EF，完成△ABC的两面投影。

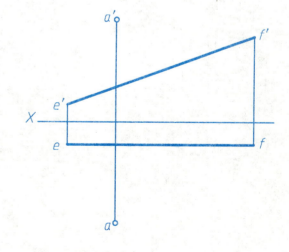

2-5 平面的投影

1. 判别下列平面相对投影面的位置，写出平面的名称。

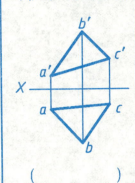
(   )

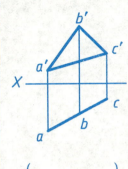
(   )

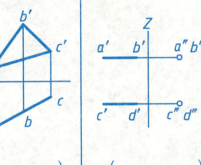
(   )

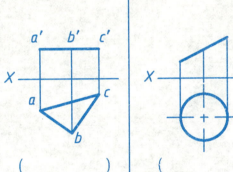
(   )

2. 用迹线表示法表示下列平面。
(1) 过直线AB的铅垂面P。
(2) 过点C的水平面Q。
(3) 过直线DE的正平面R。

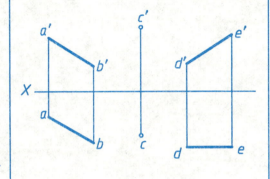

3. 已知CD为水平线，完成平面ABCD的正面投影。

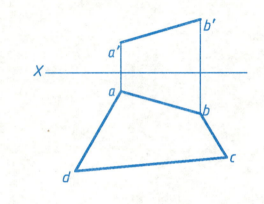

4. 已知点E在△ABC上，且点E距H面18 mm，距V面15 mm，求作点E的两面投影。

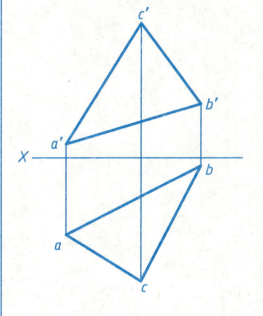

5. 求作平面ABCD上字母K的正面投影。

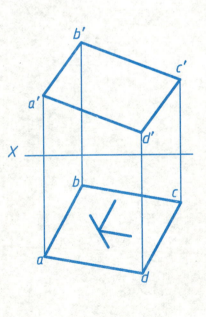

6. 补全五边形ABCDE的两面投影。

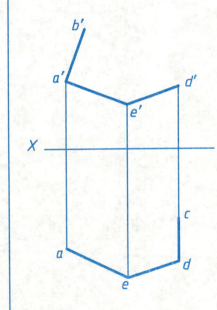

7. 采用标注法，作出平面多边形的水平投影，并求作该平面上点K的其余两面投影。

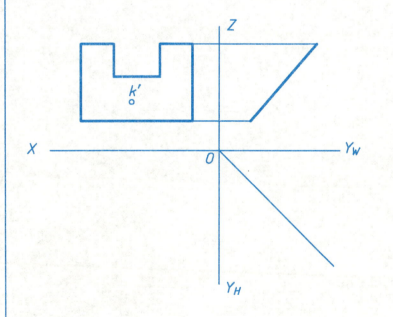

8. 采用标注法，作出平面多边形的水平投影。

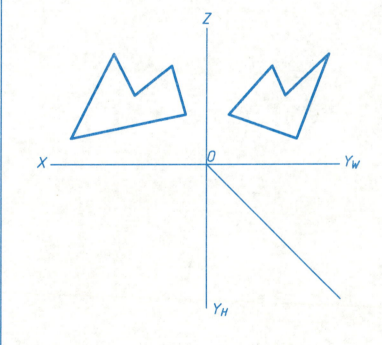

专业班级　　　姓名　　　学号　　　12

2-6 直线与平面、平面与平面的相对位置

1. 已知△ABC和点M、N的两面投影，完成以下作图。
（1）过点M作正平线MK，使MK∥△ABC。
（2）过点N作一平面∥△ABC。

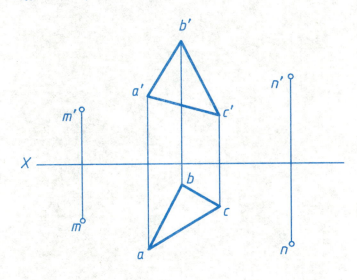

2. 判别△ABC与▱DEFG是否平行。

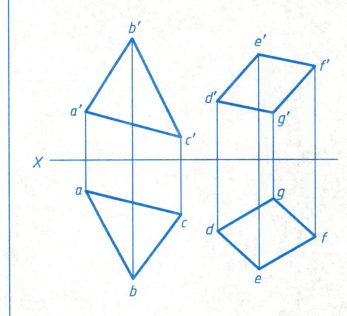

两平面（平行、不平行）

3. 求作直线MN与△ABC的交点，并判别投影重合处的可见性。

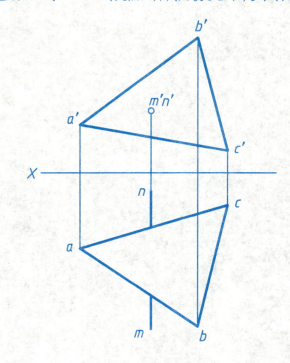

4. 求作直线AB与△DEF的交点，并判别投影重合处的可见性。

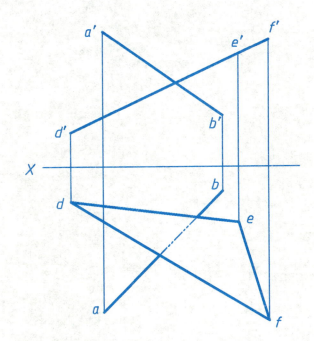

5. 求作△ABC与四边形DEFG的交线，并判别投影重合处的可见性。

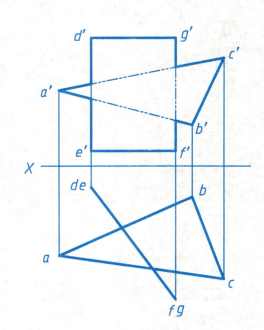

6. 求作两平面的交线，并判别投影重合处的可见性。

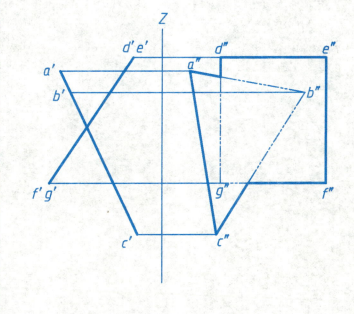

2-6 直线与平面、平面与平面的相对位置

7. 求作直线AB与△DEF的交点，并判别投影重合处的可见性。

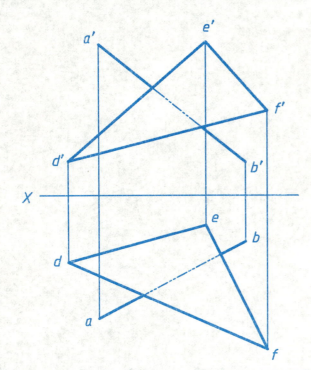

8. 求作△ABC与△DEF的交线，并判别投影重合处的可见性。

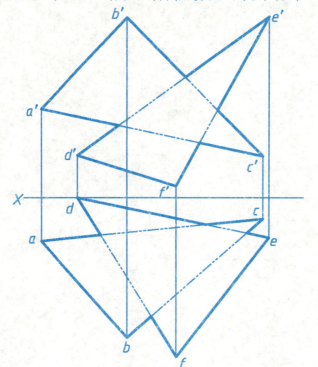

9. 求点A到△CDE的距离。

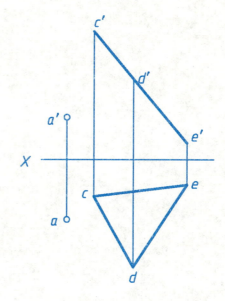

10. 求点M到△ABC的距离。

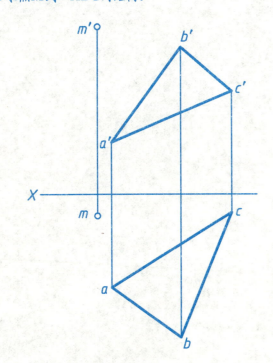

11. 过直线DE作一平面垂直于△ABC。

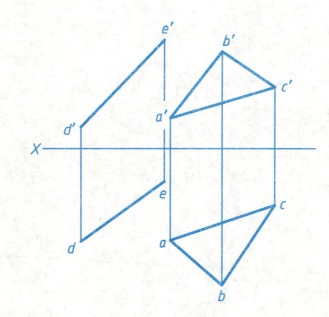

12. 已知△ABC垂直于△DEF，作出△abc。

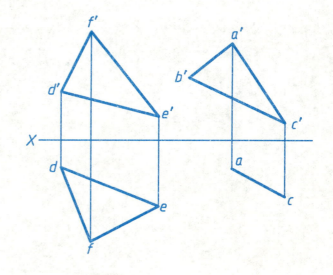

2-6 直线与平面、平面与平面的相对位置

13. 判别下图中的直线与平面或两平面之间的相对位置（平行、相交、垂直）。

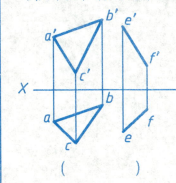 (　　)　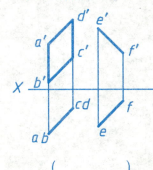 (　　)　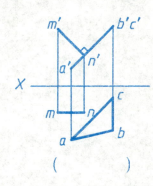 (　　)　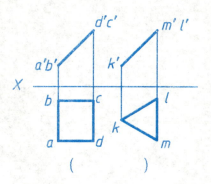 (　　)

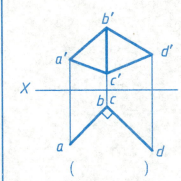 (　　)　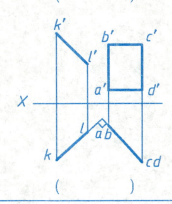 (　　)　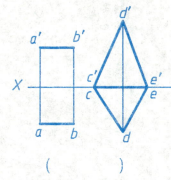 (　　)　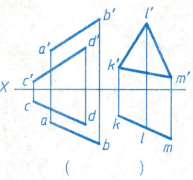 (　　)

14. 过点K作一直线KL与平面ABC平行且与直线EF相交。

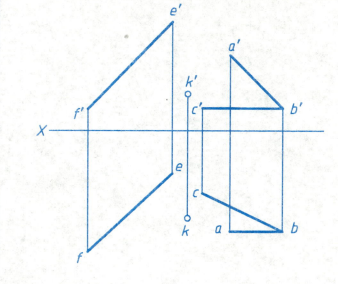

15. 过点M作正平线MN，与△ABC平行，点N距H面5 mm，并求作MN与△DEF交点K，判别投影重合处的可见性。

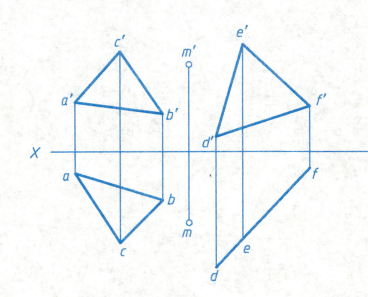

16. 在直线AB上取一点K，使点K与C、D两点等距。

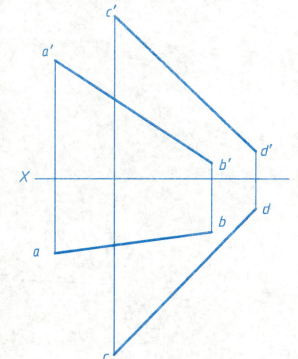

17. 已知三条直线CD、EF、KL，求作一直线MN平行直线CD，且与EF、KL两直线相交。

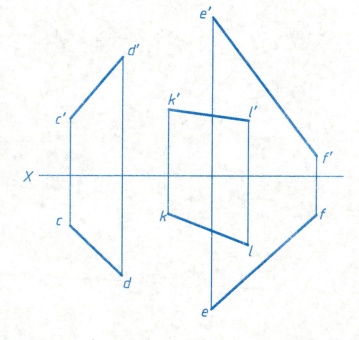

2-7 换面法

1. 求直线AB的实长及对H面、V面的倾角α、β。

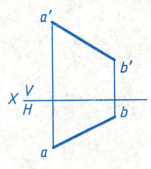

2. 已知线段MN长为50 mm，补全它的正面投影。

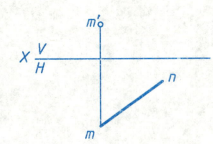

3. 已知直角三角形ABC的水平投影及直角边AB的正面投影，∠CAB=90°，完成其正面投影。

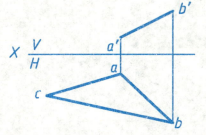

4. 求点M到直线CD的距离。

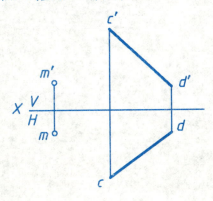

5. 求两交叉直线AB和CD的距离。

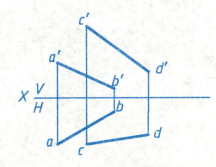

6. 求直线AB与△CDE的交点，并判别投影重合处的可见性。

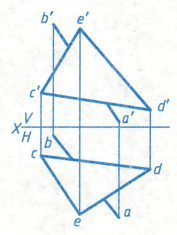

2-7 换面法

7. 求点M到平面ABCD的距离。

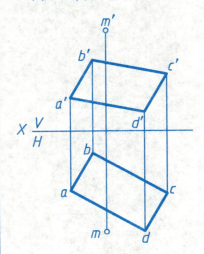

8. 求△ABC对V面的倾角β及实形。

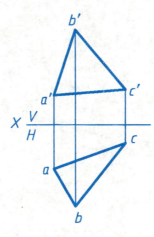

9. 已知等边△ABC为正垂面，点C在AB的前方，补全△ABC的两面投影。

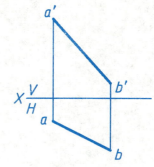

10. 求两平行平面△ABC与△DEF之间的距离。

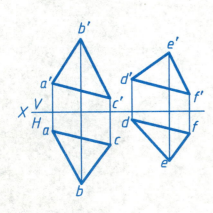

11. 求两相交平面ABCD与CDEF的夹角。

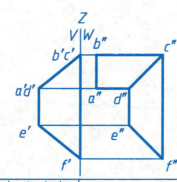

12. 已知正方形ABCD的顶点A在直线EF上，顶点C在直线BG上，用换面法补全正方形的投影。

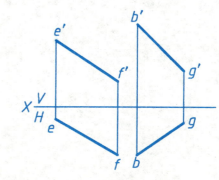

专业班级　　姓名　　学号　　17

第3章 立 体

3-1 立体投影及其表面上的点

1. 求作正五棱柱的水平投影，并补全其表面各点的其他两面投影。

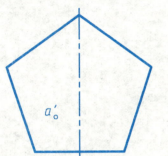

2. 求作三棱锥的侧面投影，并作出表面各点的正面投影和侧面投影。

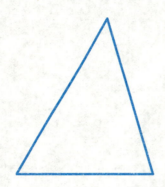

3. 求作圆柱的正面投影，并补全圆柱表面各点的另外两面投影。

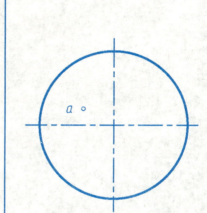

4. 求作圆锥的侧面投影，并补全圆锥表面各点的另外两面投影。

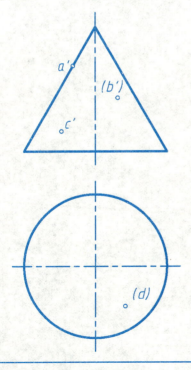

5. 求作圆球的水平投影和侧面投影，并补全表面各点的另外两面投影。

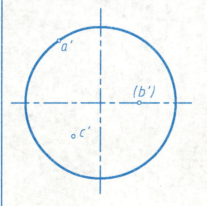

6. 求作圆环表面上各点的另外一面投影。

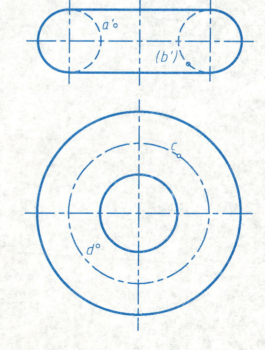

3-2 平面与平面立体相交

1. 画出正垂面P与三棱锥的截交线的两面投影。

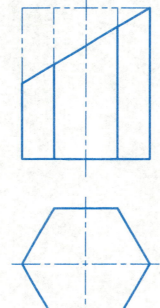

2. 求作六棱柱被正垂面截断后的侧面投影。

3. 画出图示物体的水平投影。

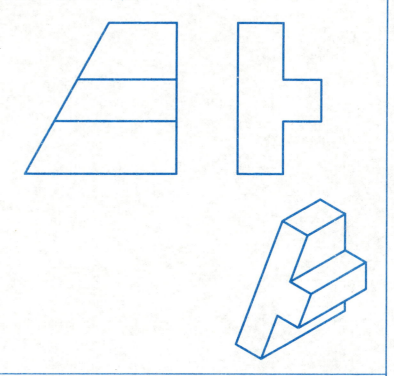

4. 画出图示物体的水平投影。

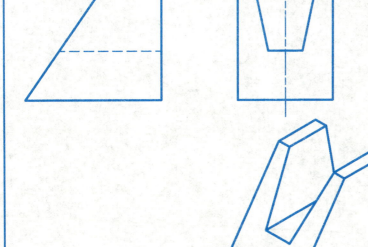

5. 补全三棱锥被切割后的水平投影,平画出其侧面投影。

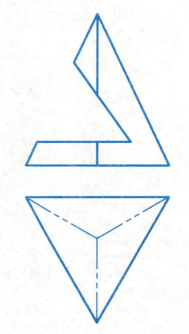

6. 补全有正方形通孔的四棱台被切割后的水平投影,并画出侧面投影。

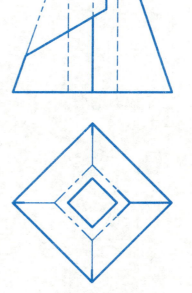

| 专业班级 | 姓名 | 学号 |

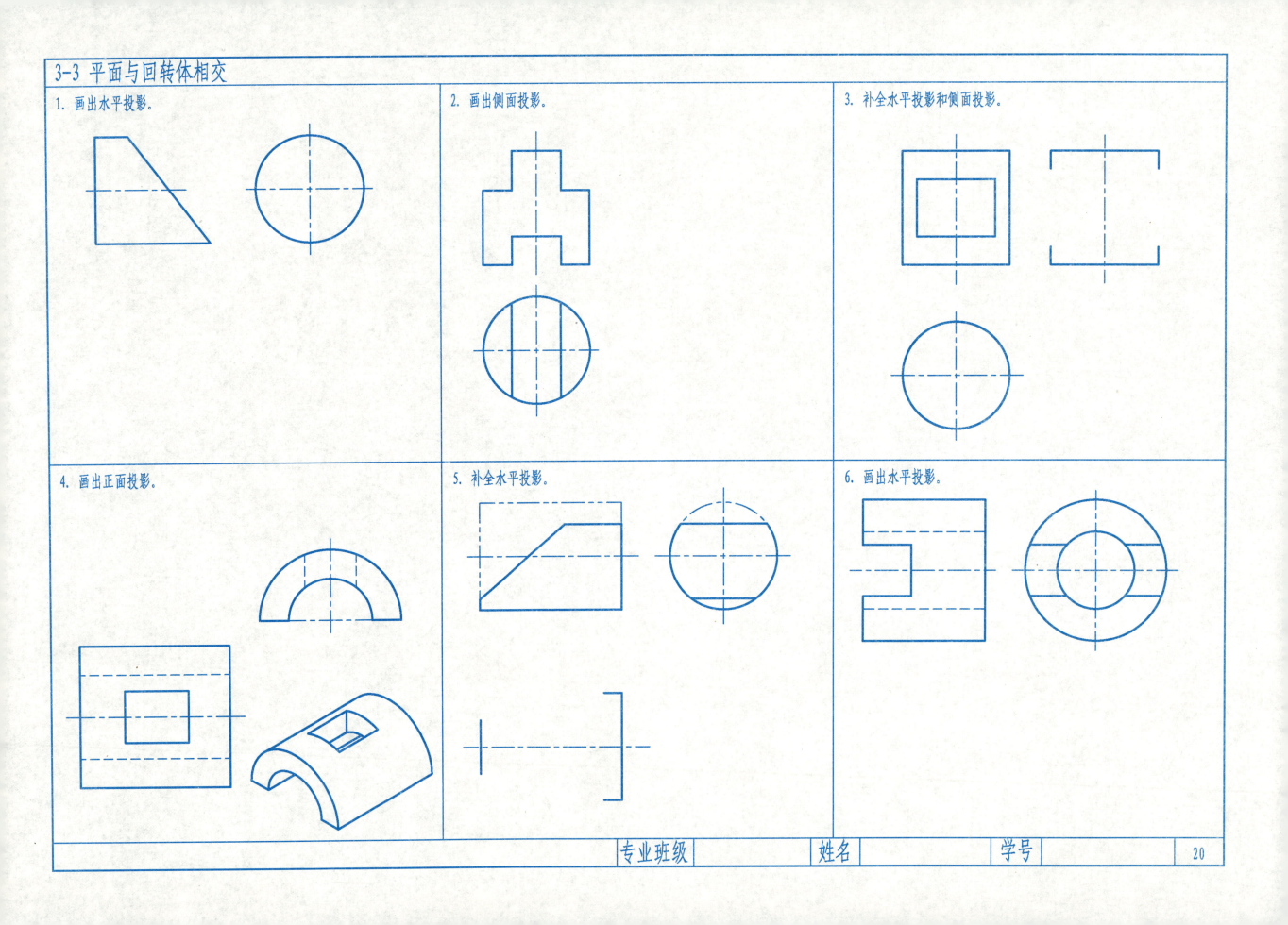

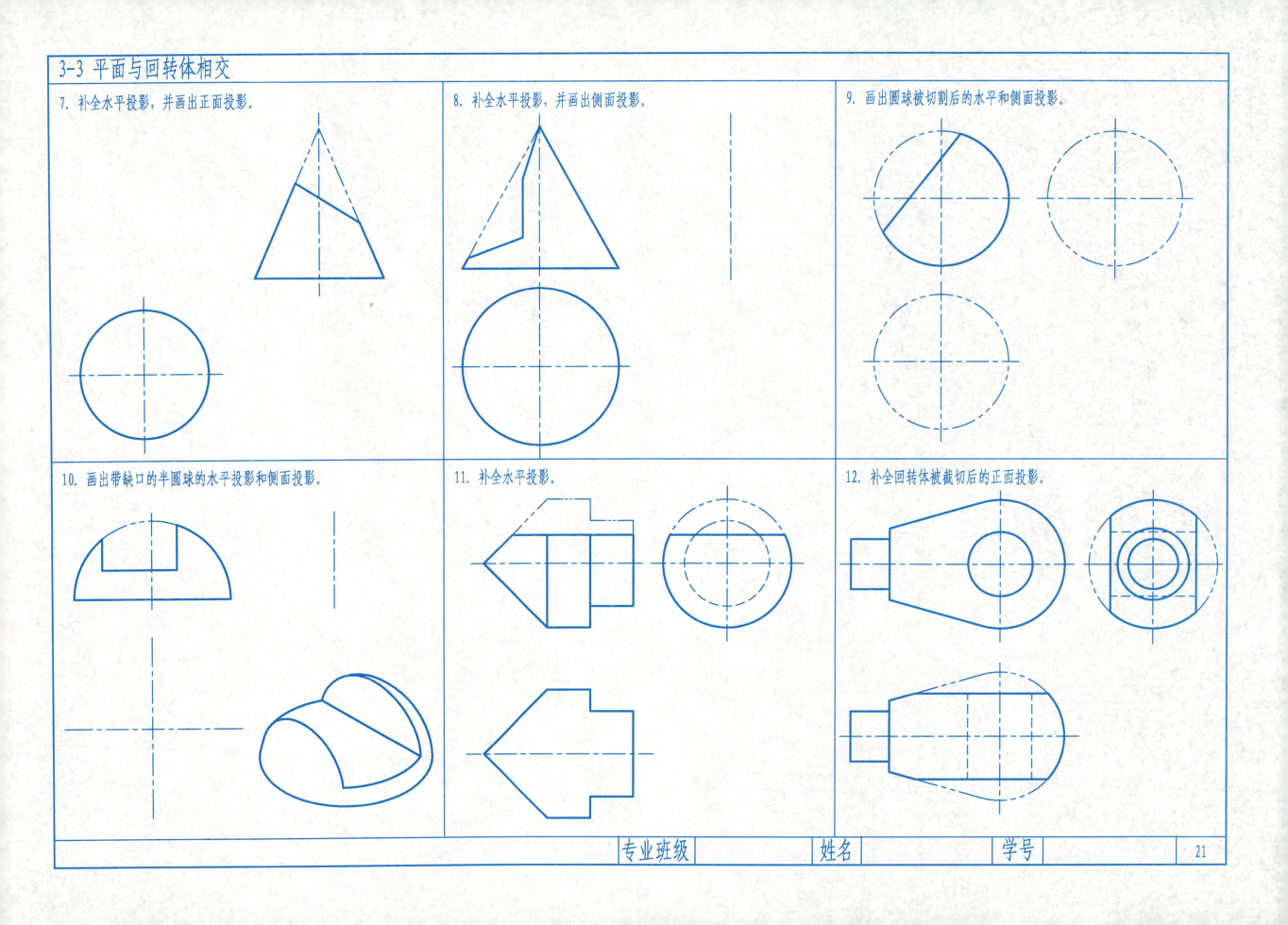

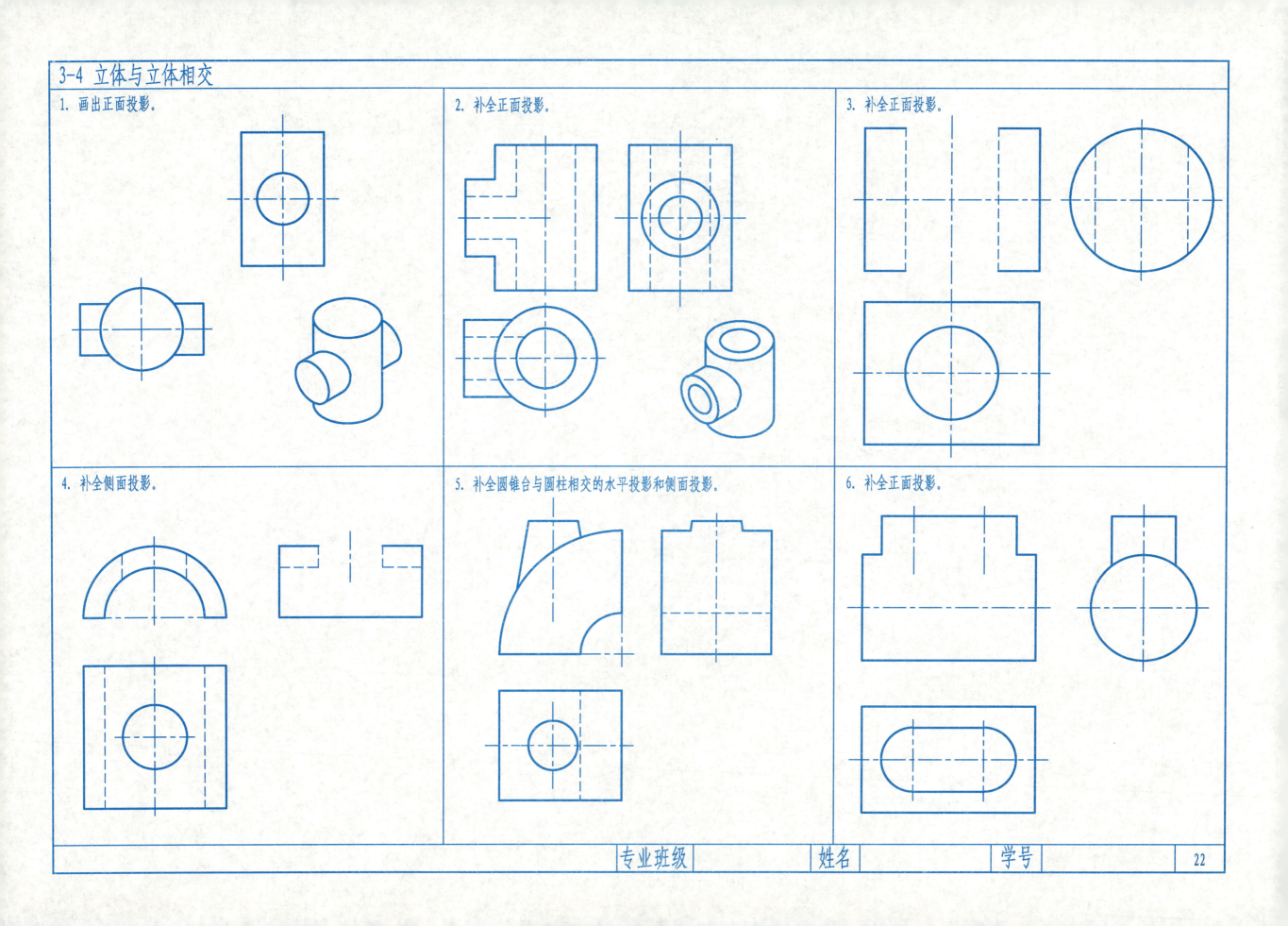

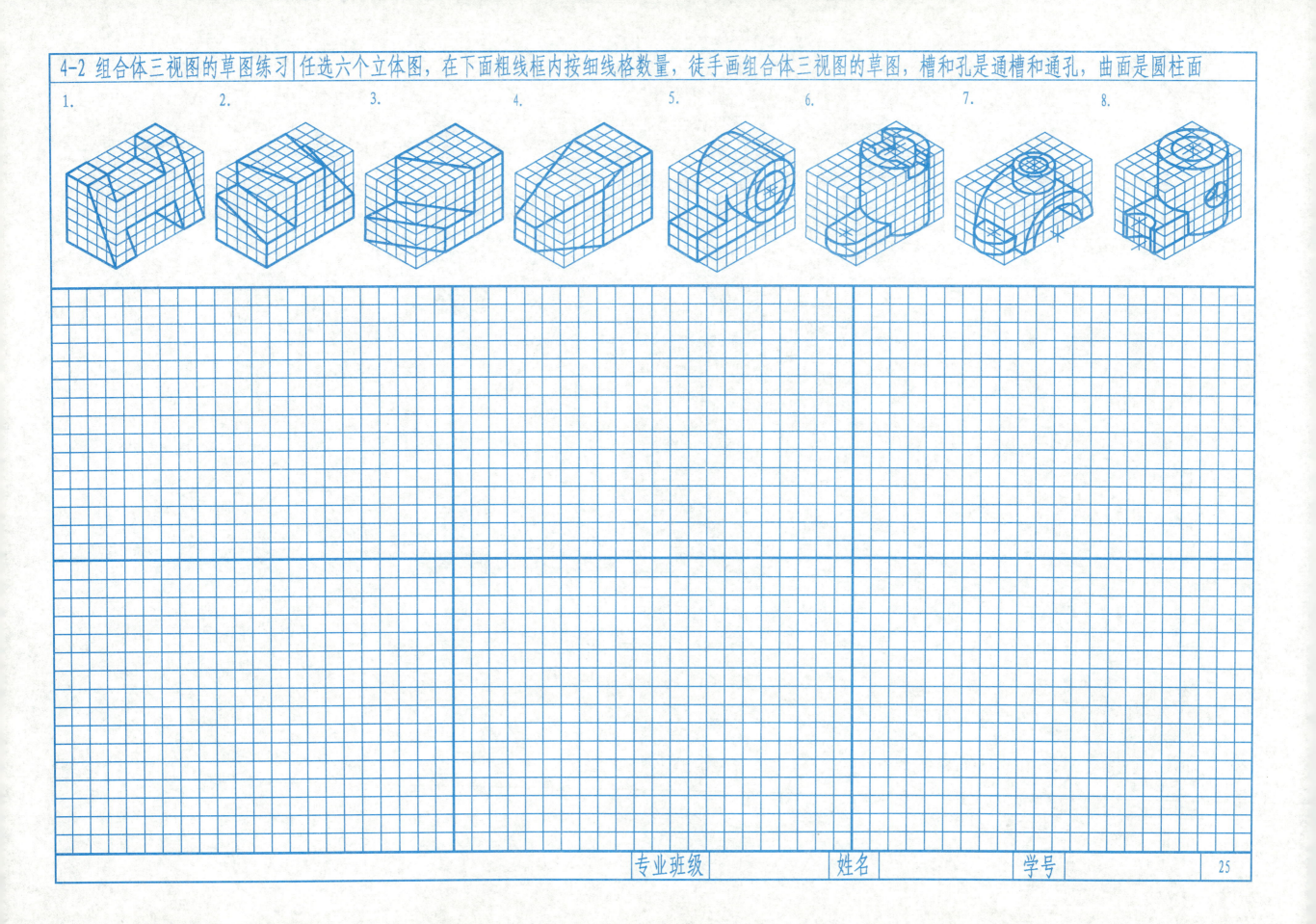

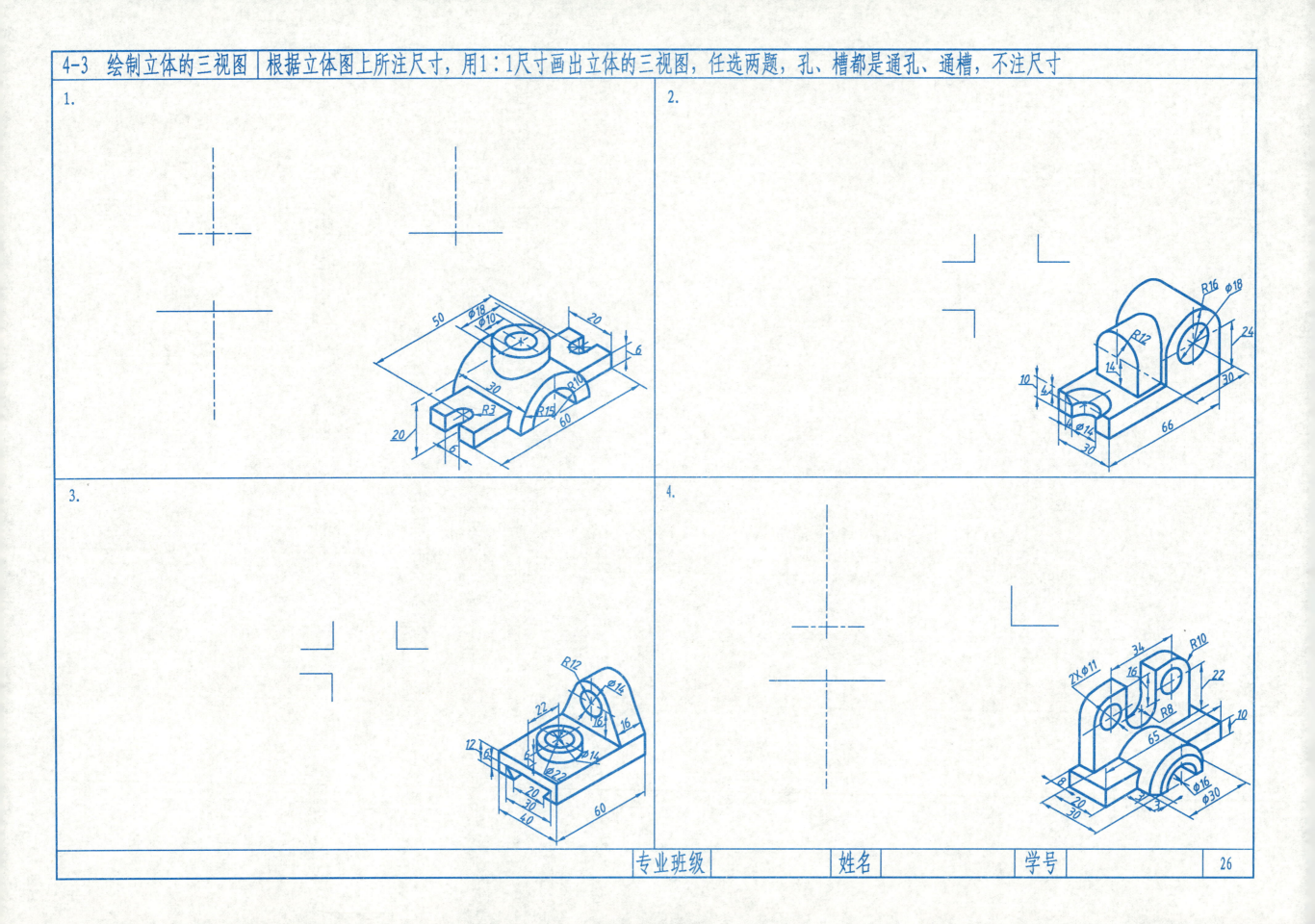

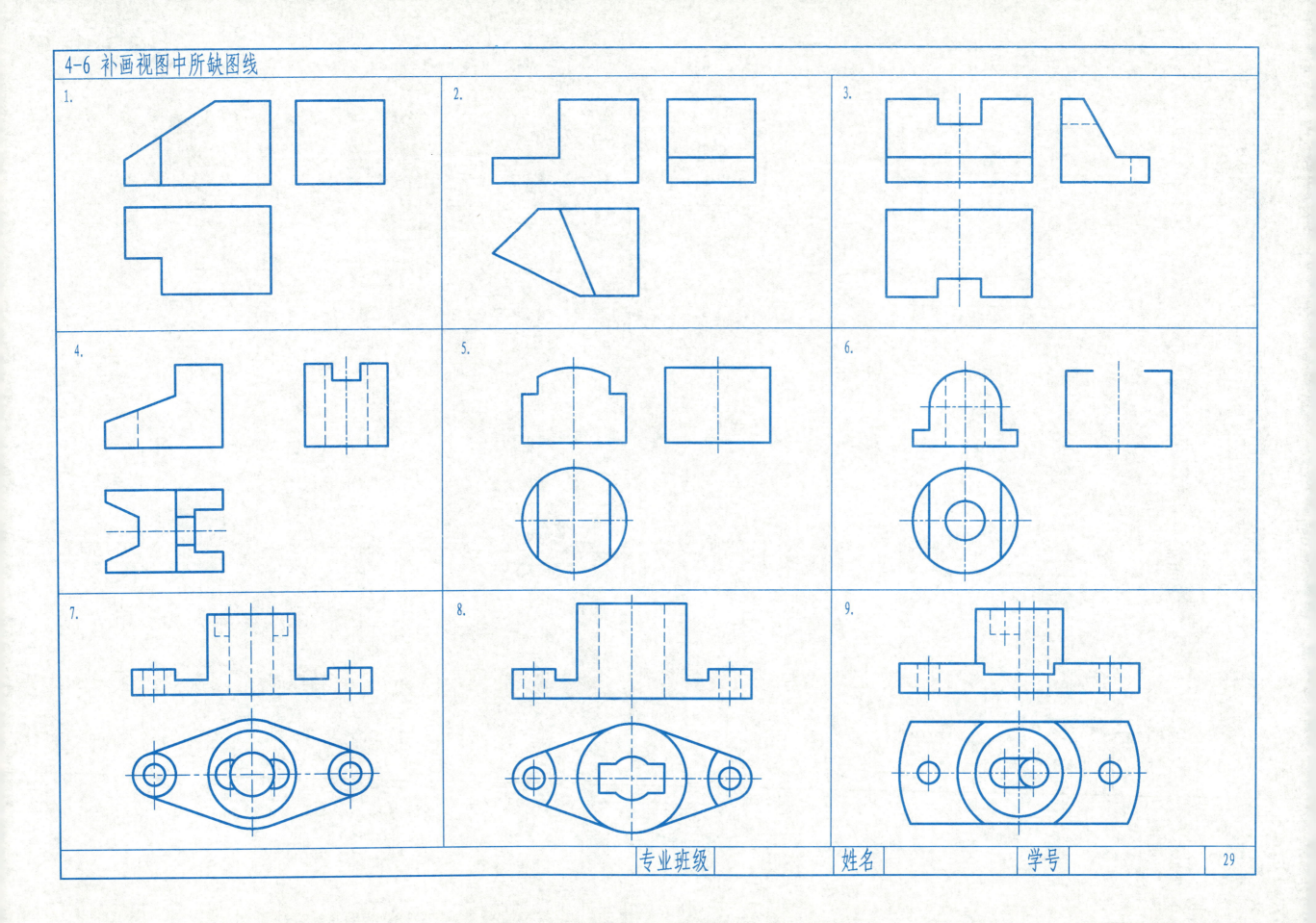

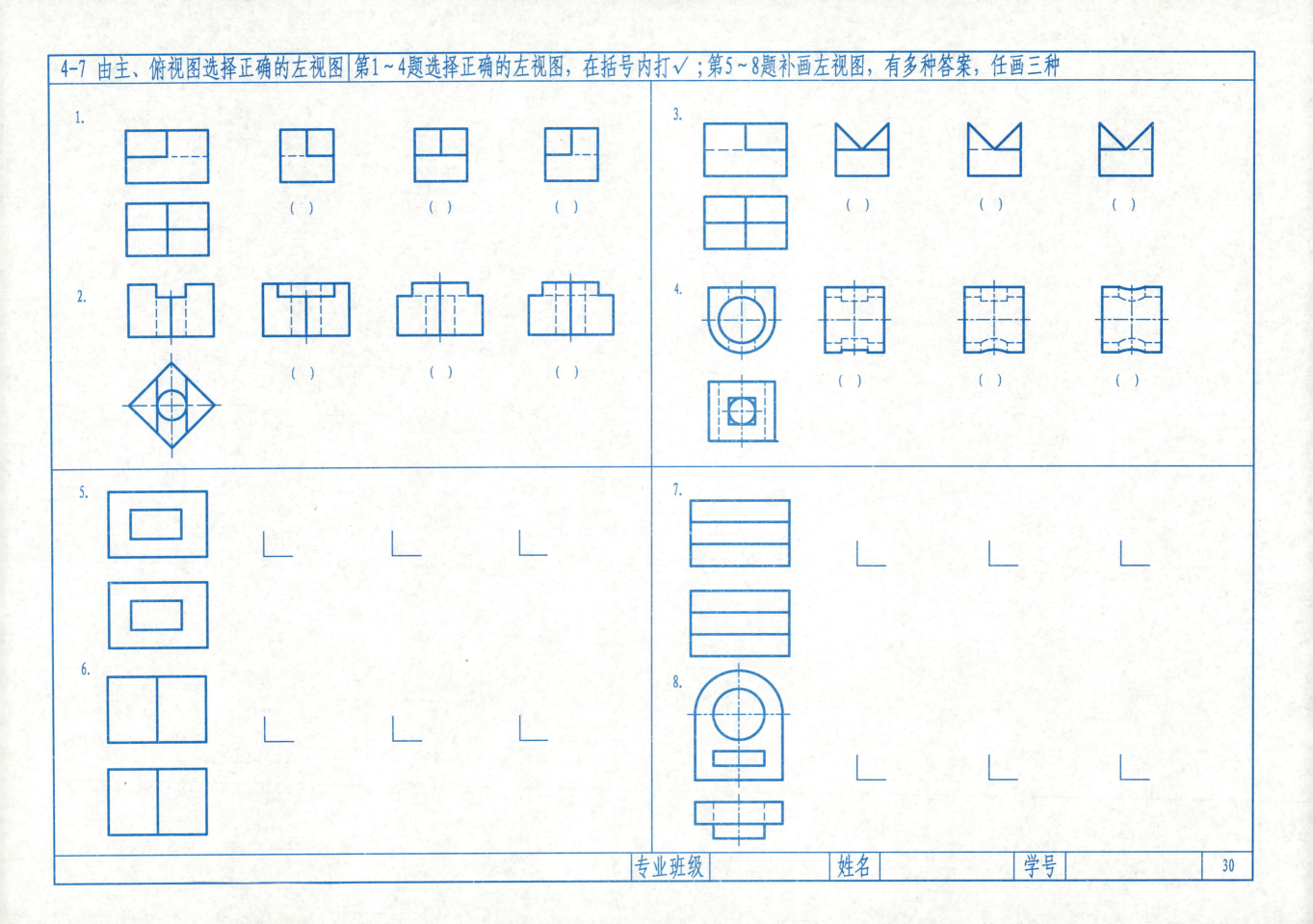

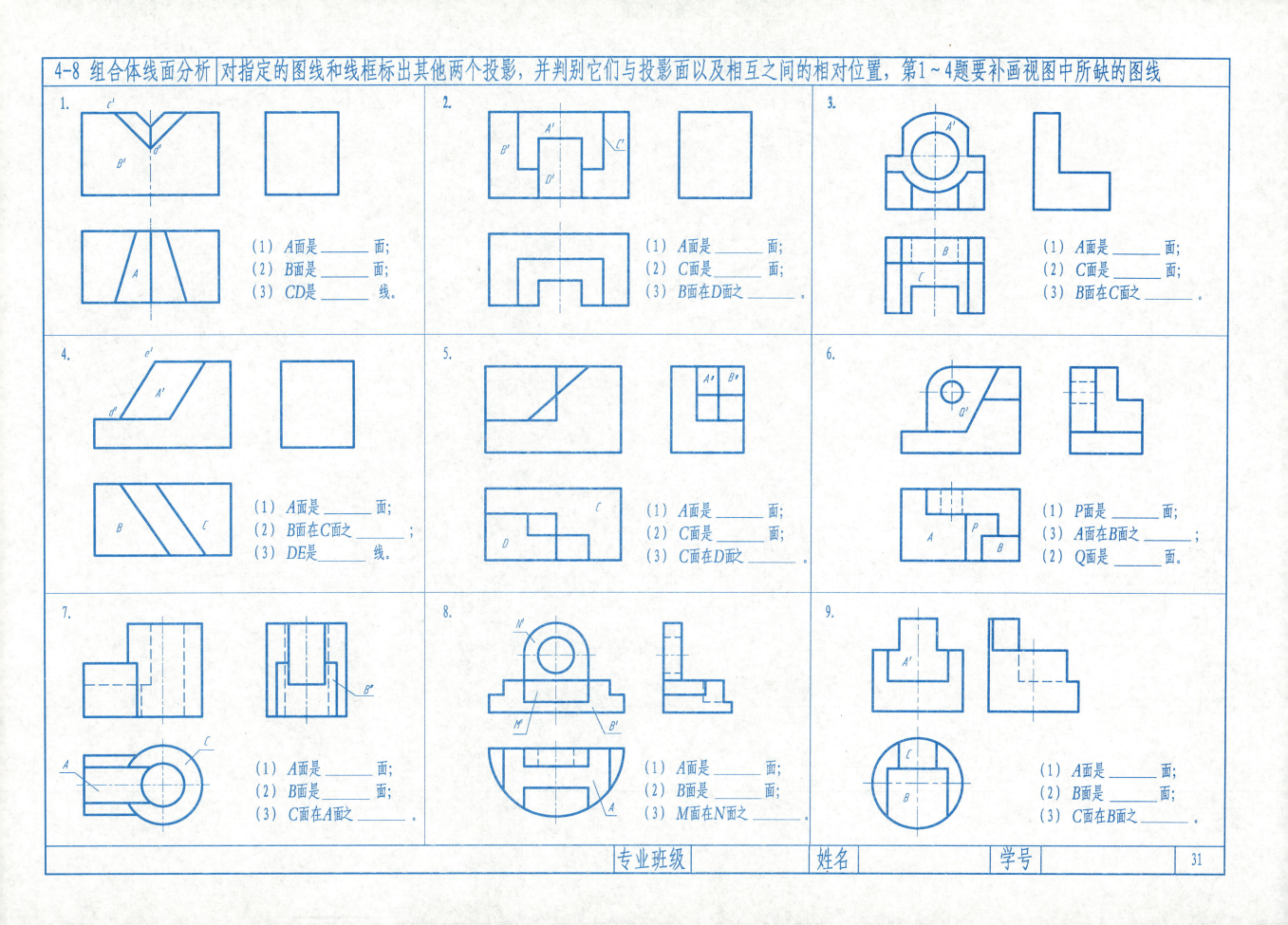

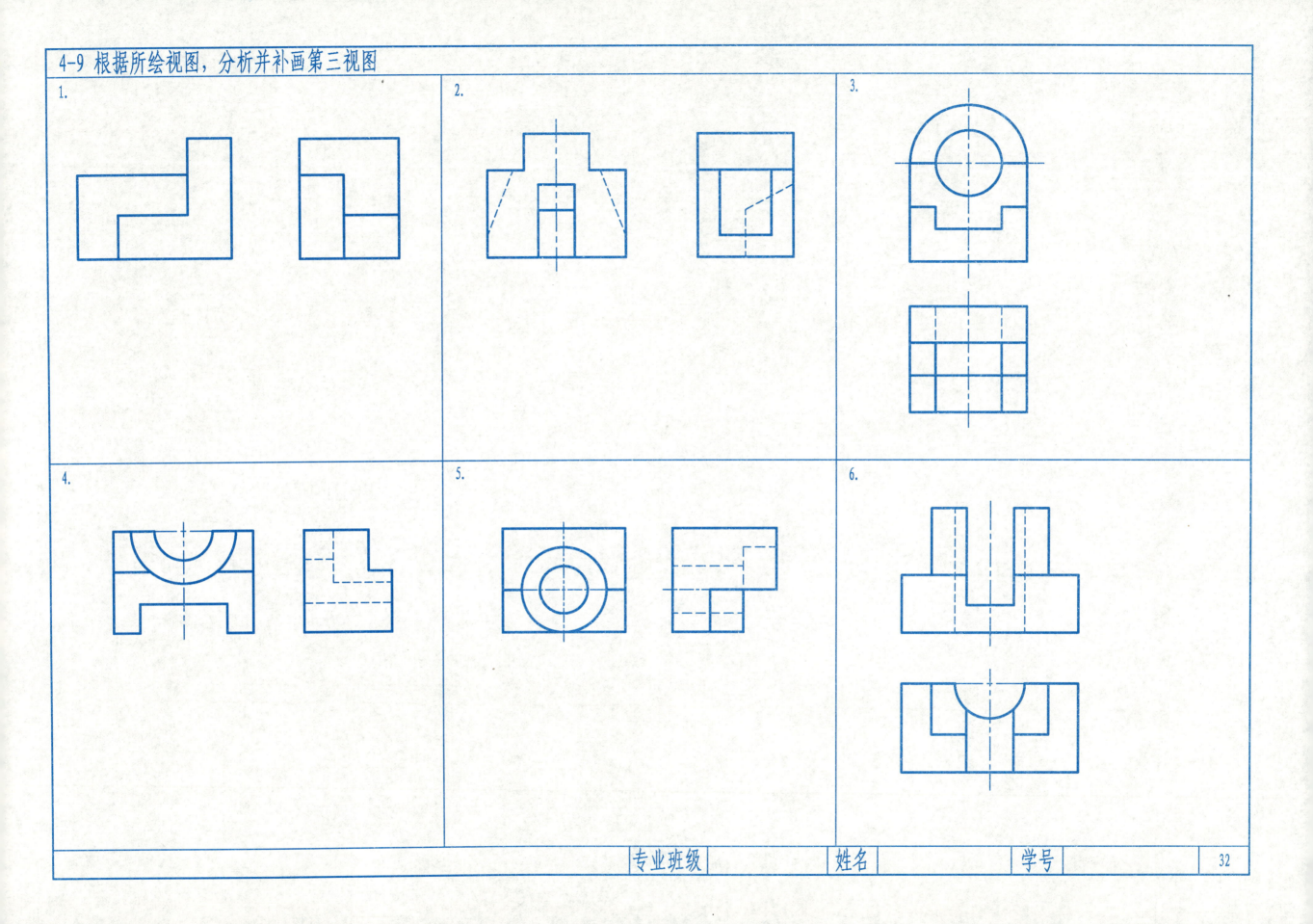

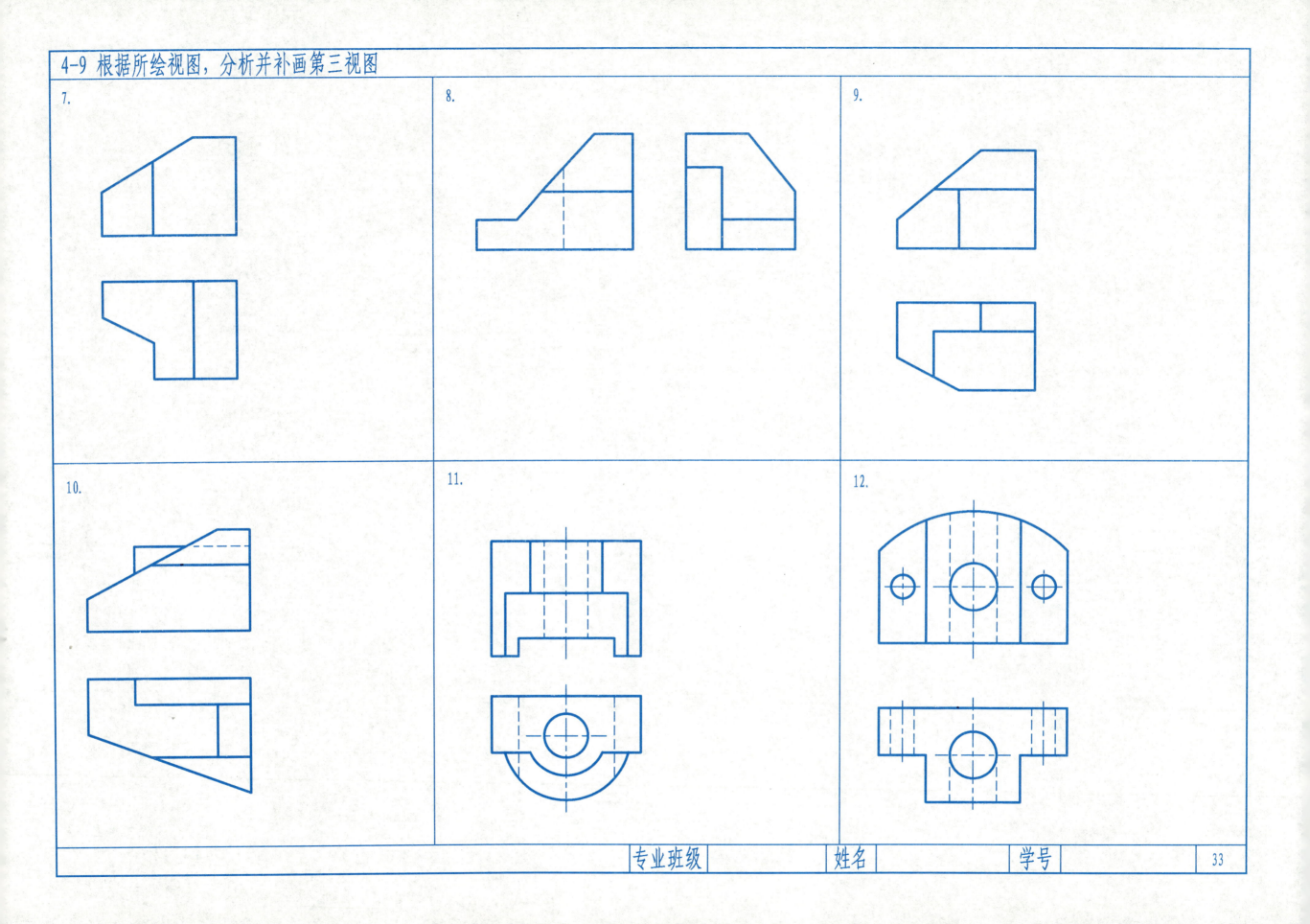

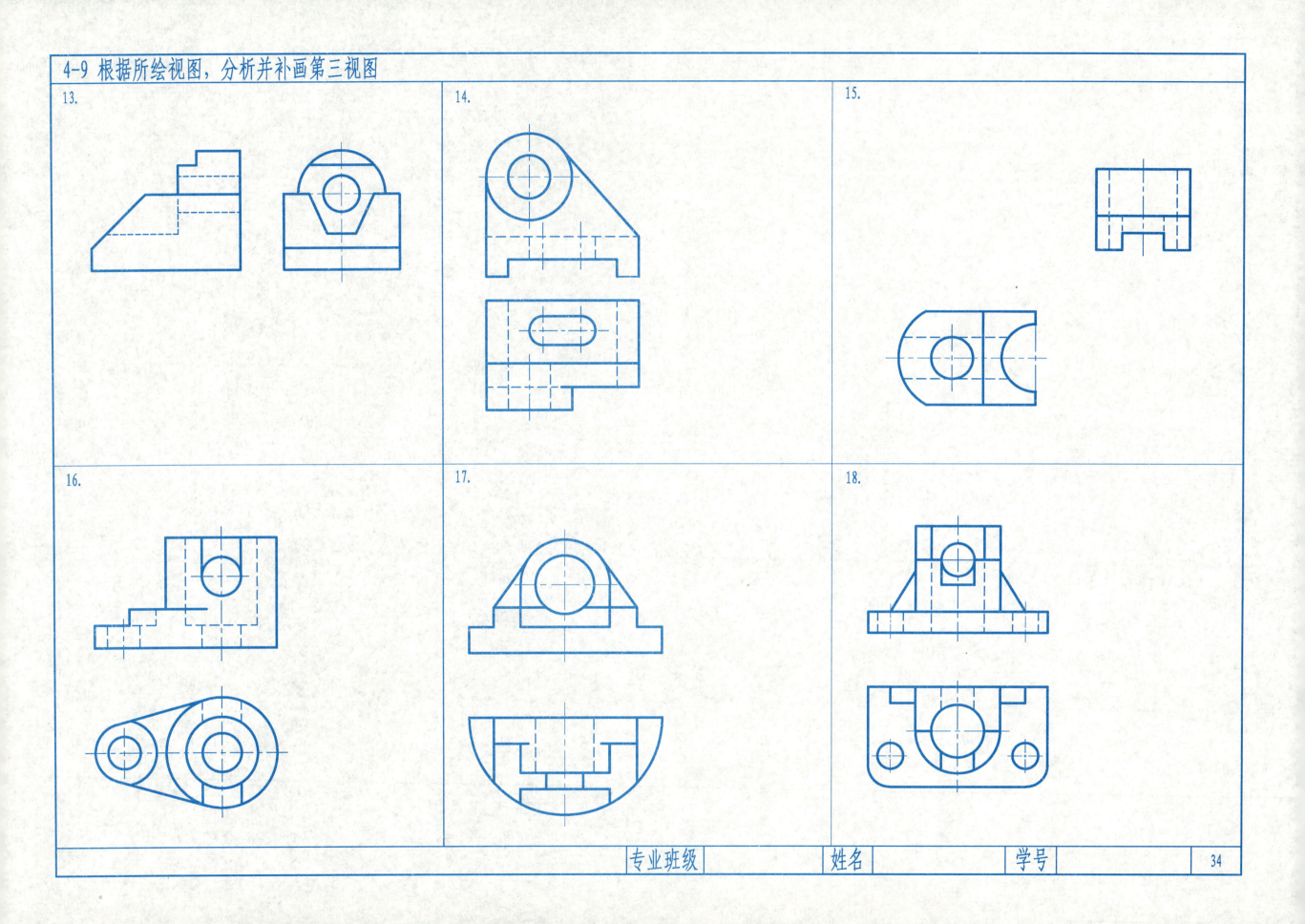

4-10 第二次大作业——组合体三视图

一、目的、内容与要求

1. 目的、内容：进一步理解与巩固"物"与"图"之间的对应关系，运用形体分析法，根据立体图（或模型）绘制组合体的三视图，并标注尺寸。本作业的模型或立体由教师提供，也可以从本页的五个题目中选做两个题目（图中的孔、槽都是通孔、通槽）。

2. 要求：完整地表达组合体的内外形状，标注尺寸要完整、清晰，并符合国家标准。

二、图名、图幅、比例

1. 图名：组合体三视图。
2. 图幅：A3图纸。
3. 比例：自定（1:1或1:2）

三、绘图步骤及注意事项

1. 对所绘组合体进行形体分析，选择主视图，按组合体的尺寸及作图比例布置三个视图的位置（注意视图之间预留标注尺寸的位置），画出各视图的对称中心线、轴线和定位线。

2. 绘制底稿，按照"轻、细、准"的原则逐步画出组合体各部分的三视图。

3. 标注尺寸，注意不要照搬立体图上标注的尺寸，应重新考虑视图上尺寸的配置，以尺寸完整、配置清晰、注法符合标准为原则。

4. 仔细检查、校核后，用铅笔加深。

1.

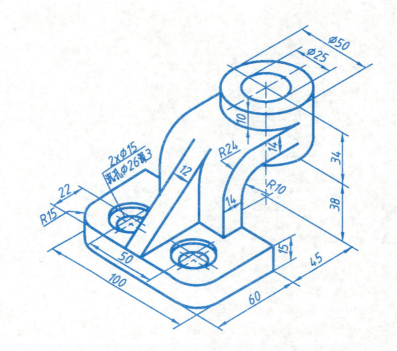

2.

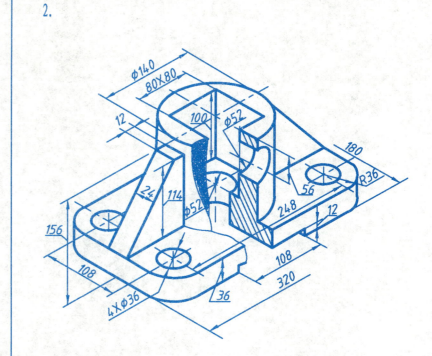

3.

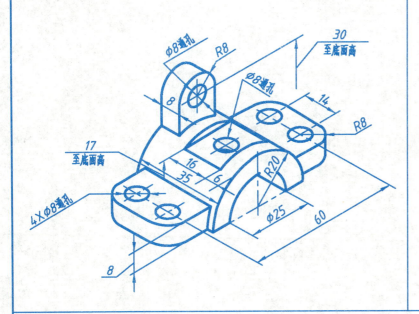

4.

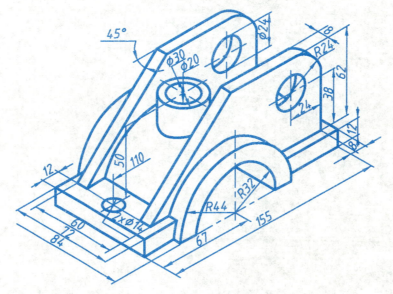

5.

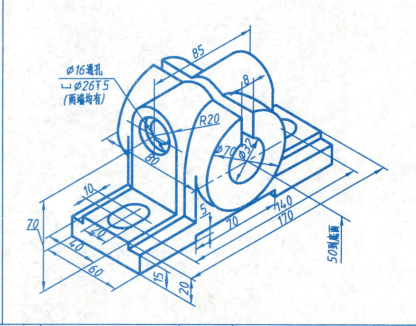

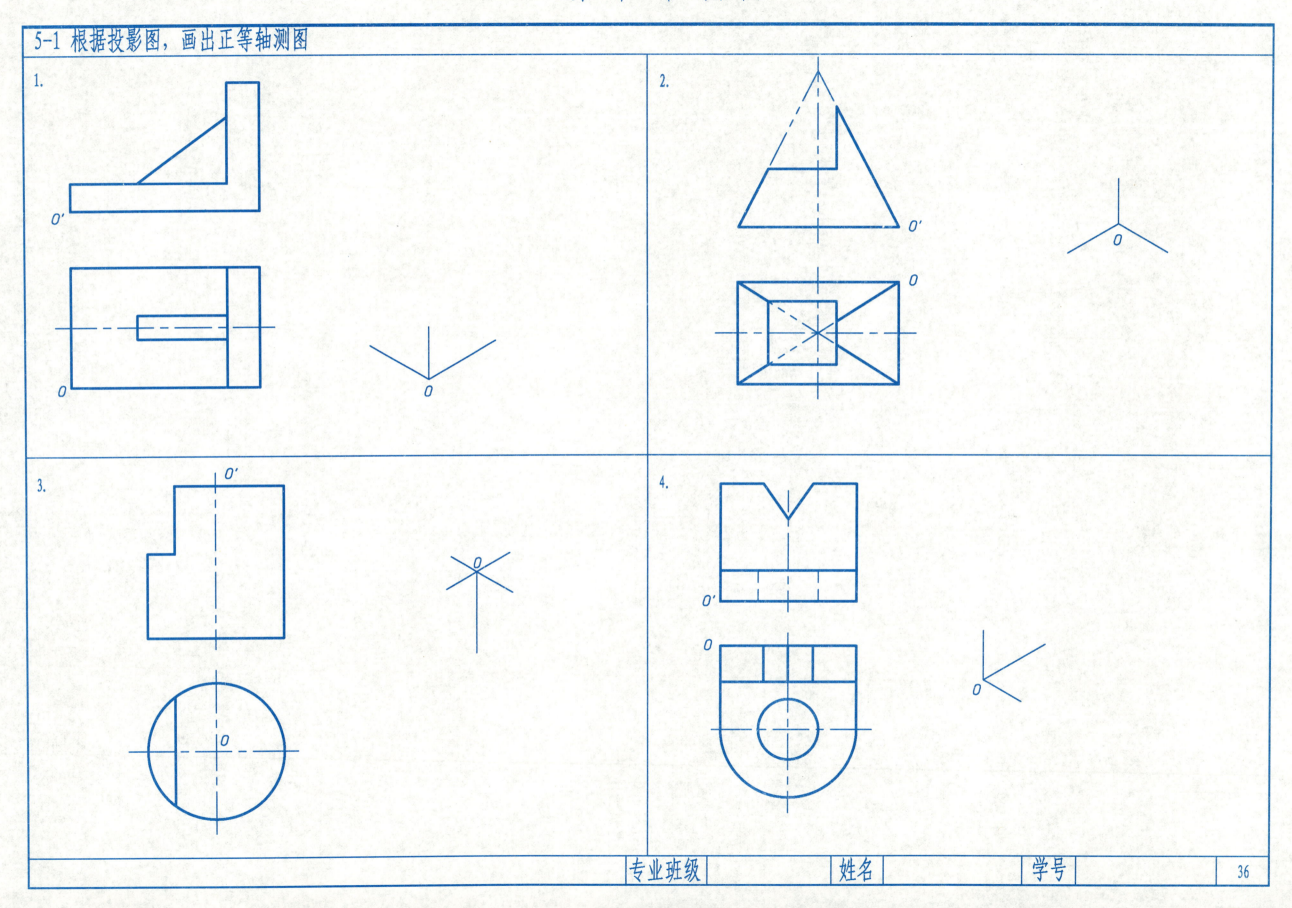

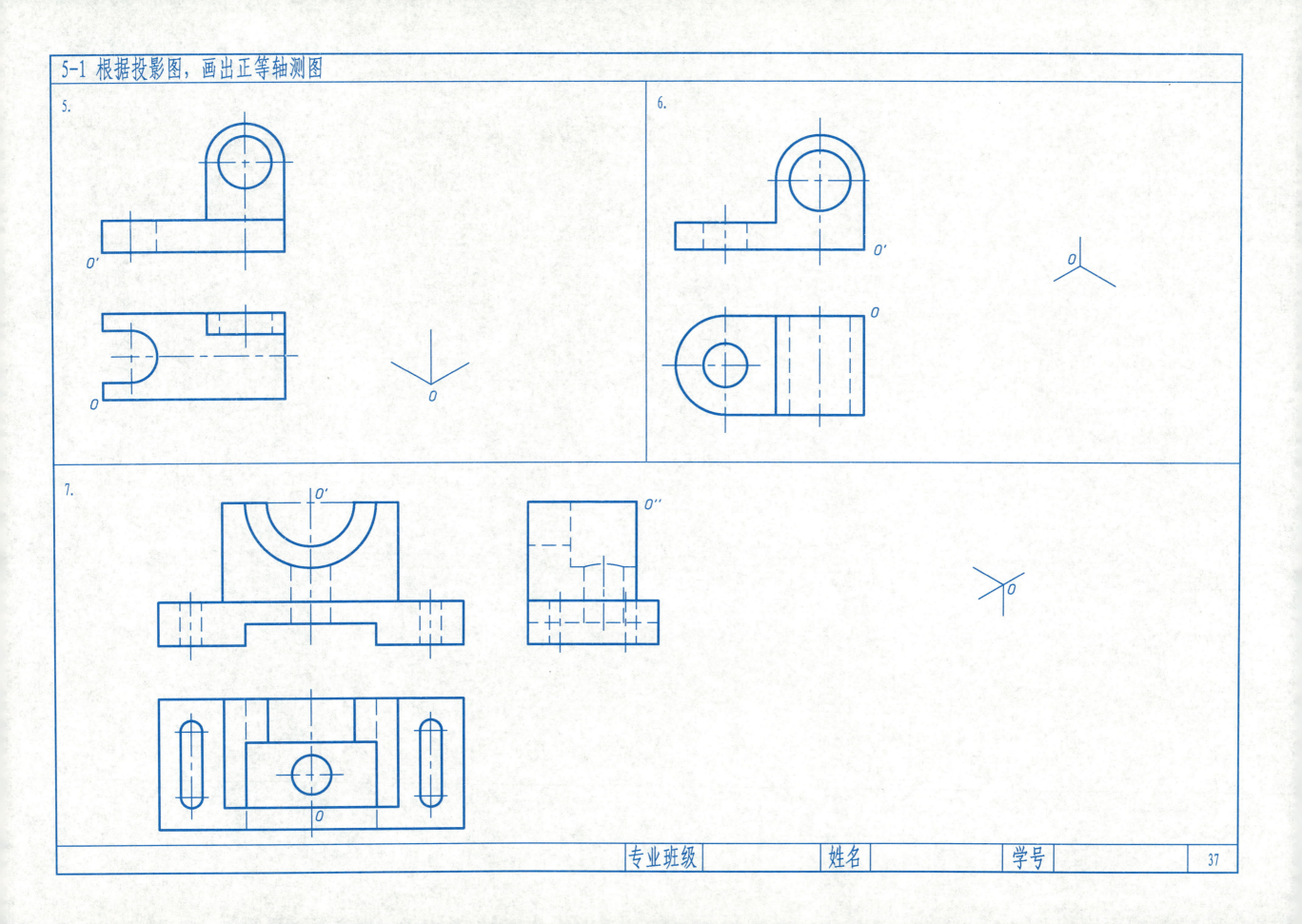

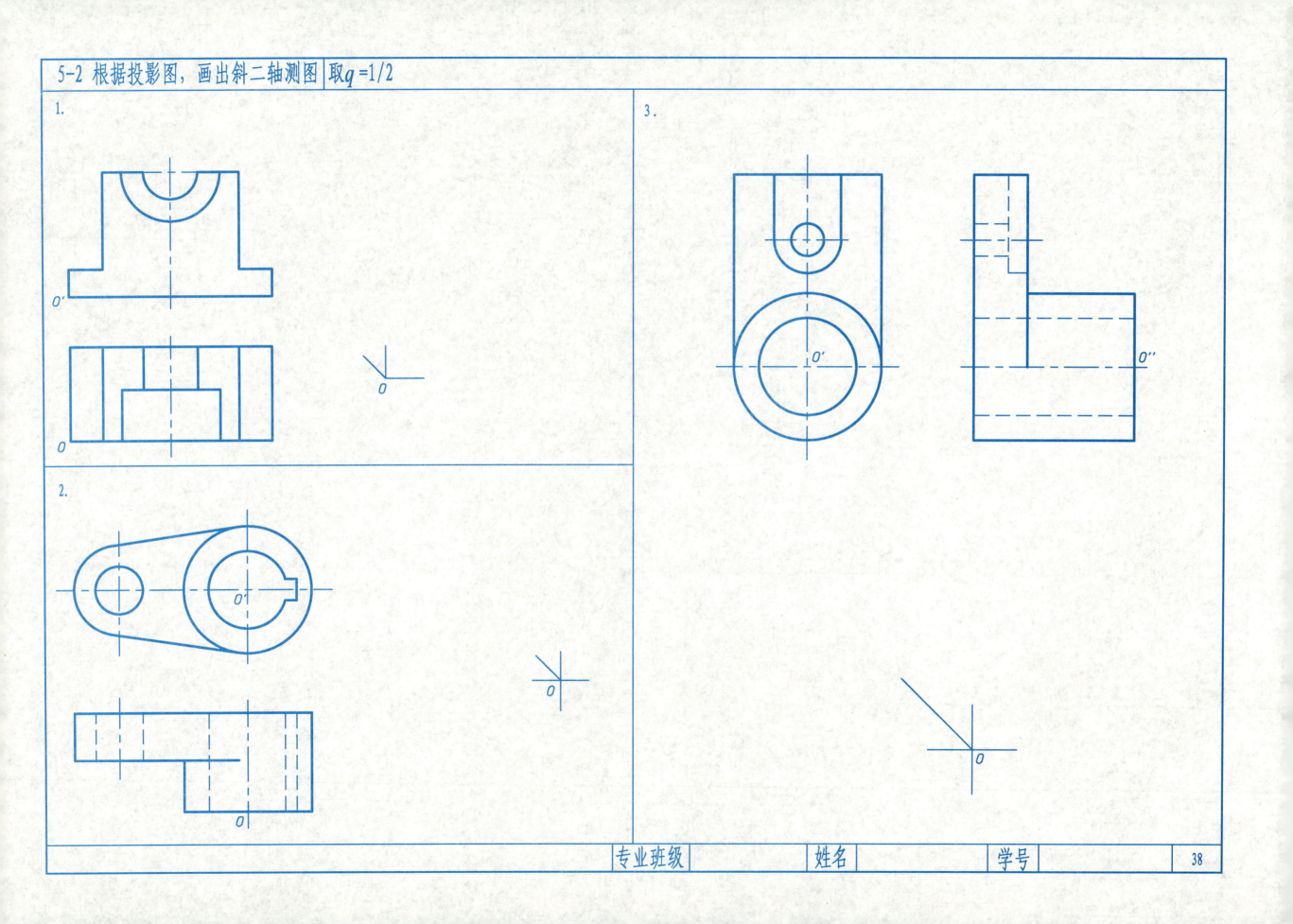

第6章 机件常用的表达方法

6-1 机件的基本视图、向视图、局部视图

1. 根据已知的主、俯视图，完成其余四个基本视图。

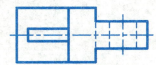

2. 在空白处画出机件的A、B、C向视图。

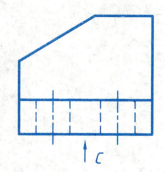
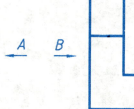
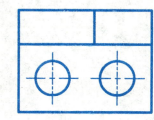

3. 画出下列物体的A向局部视图并正确标注。

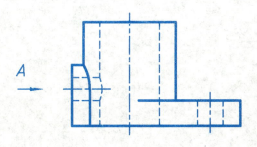

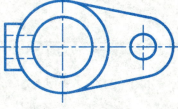

4. 根据主、俯视图，作出A向和B向局部视图。

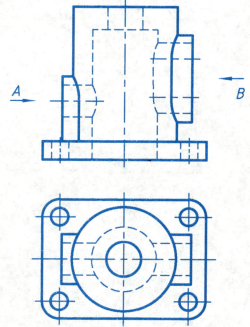

| 专业班级 | 姓名 | 学号 |

6-2 机件的斜视图

1. 根据主、俯视图,在指定位置作出A向斜视图和B向局部视图。

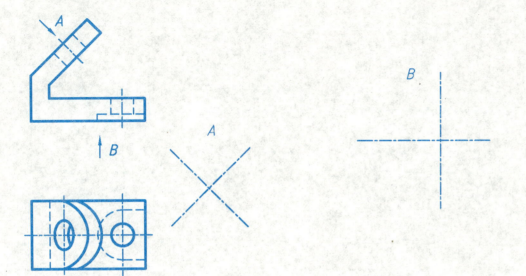

2. 在空白处画出机件的A向斜视图。

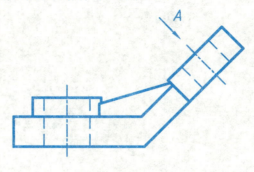

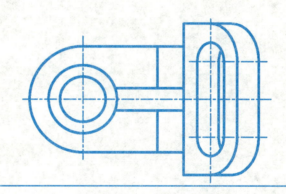

6-3 全剖视图

1. 将主视图画成全剖视图。

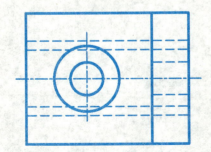

2. 在指定位置将主视图画成全剖视图。

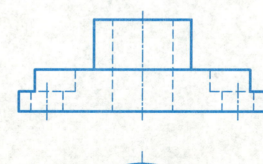

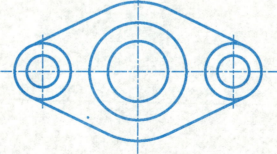

| 专业班级 | 姓名 | 学号 | 40 |

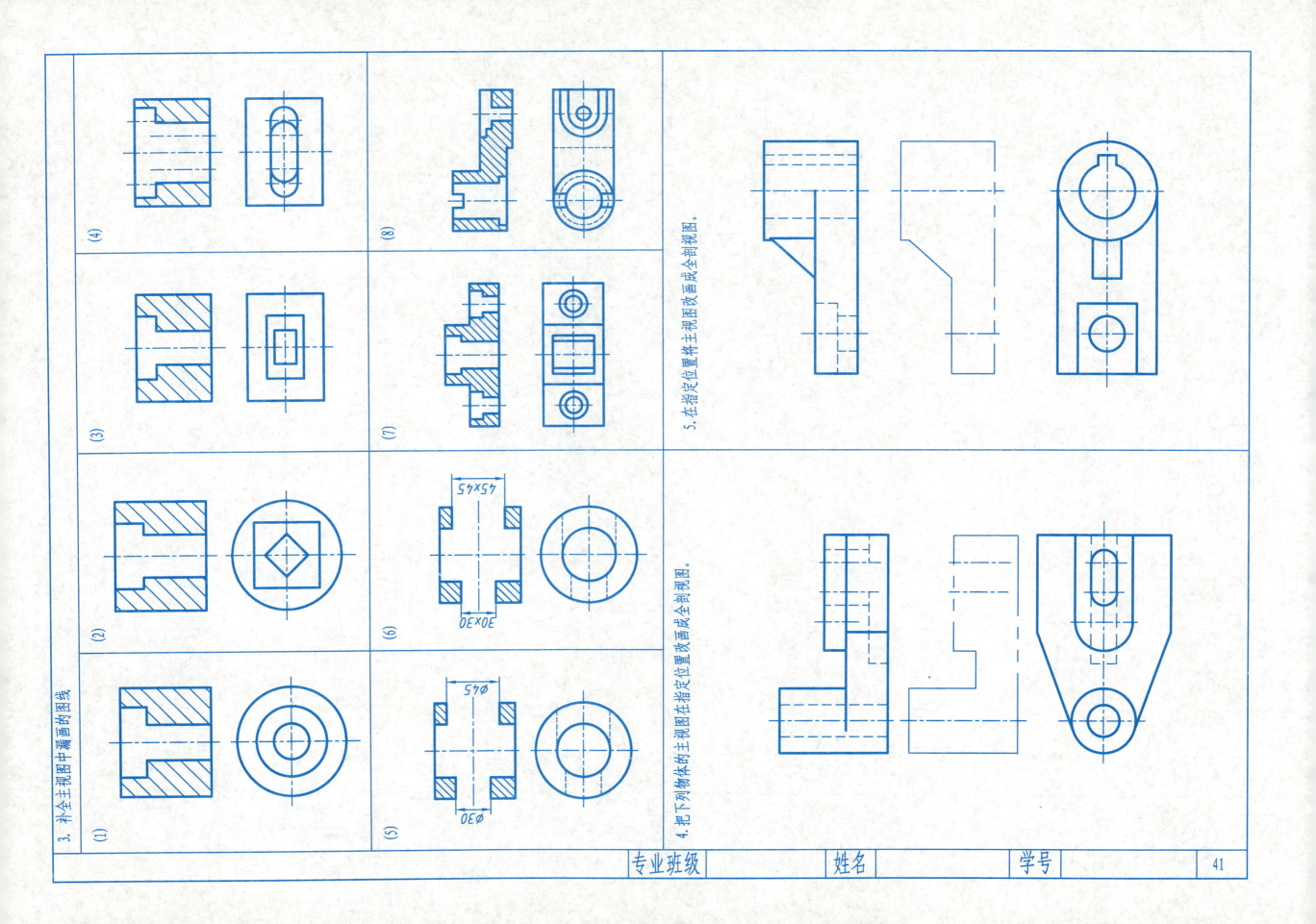

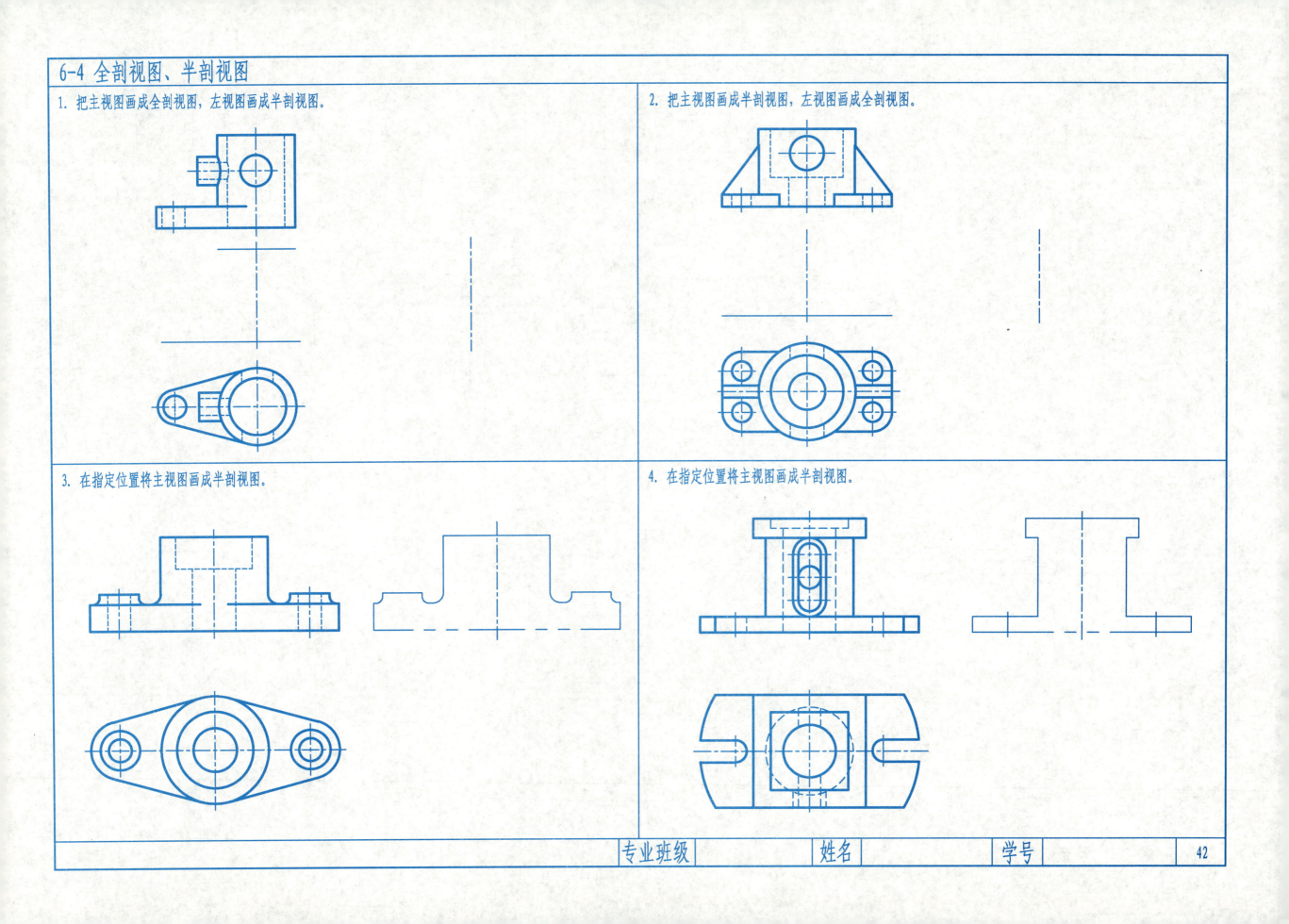

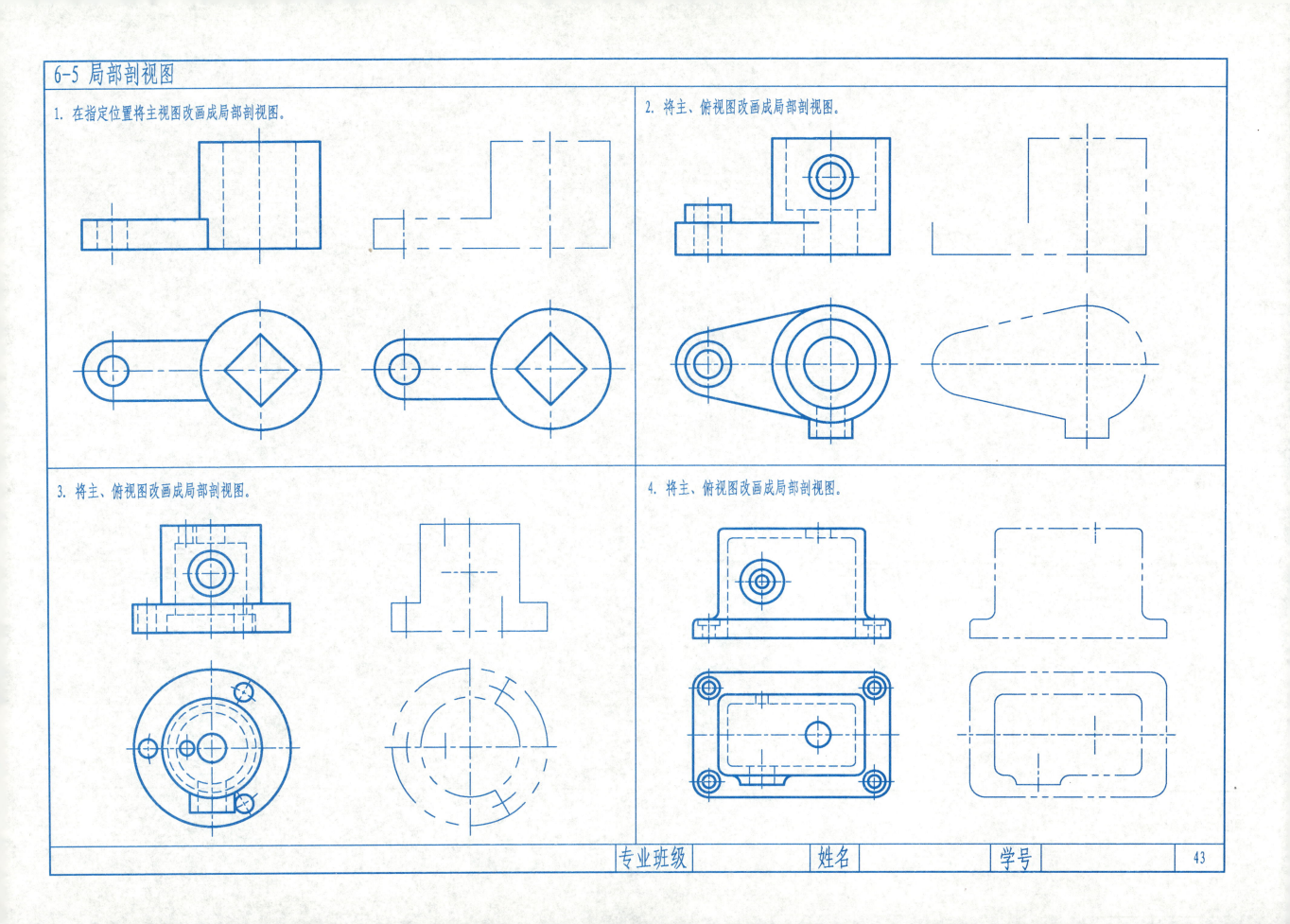

6-6 分析、判断半剖视图、局部剖视图的对错

1. 分析下列各组半剖视图表达是否正确，错误的请画"×"。

2. 分析下列各组局部剖视图表达是否正确，错误的请画"×"。

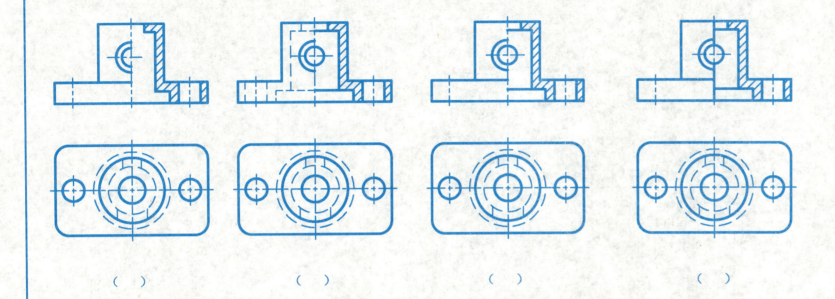

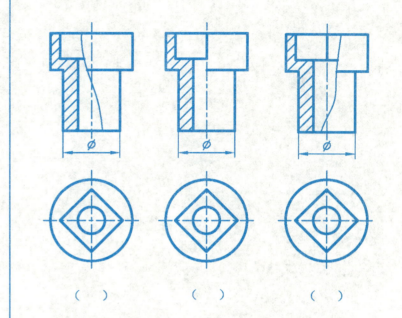

( )　　( )　　( )　　( )　　　　( )　　( )　　( )

3. 已知视图(1)，判断(2)、(3)、(4)各组局部剖视图是否正确，错误的请画"×"。

4. 分析下列各组局部剖视图表达是否正确，错误的请画"×"。

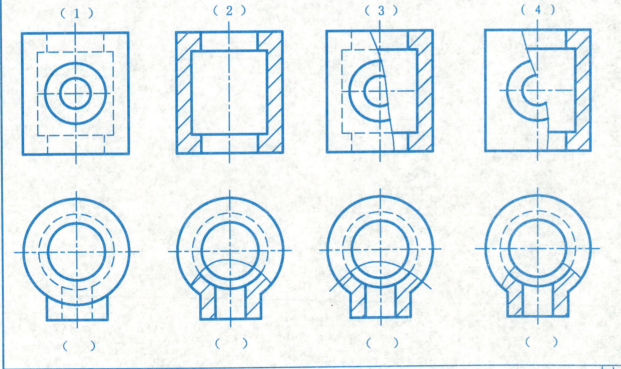

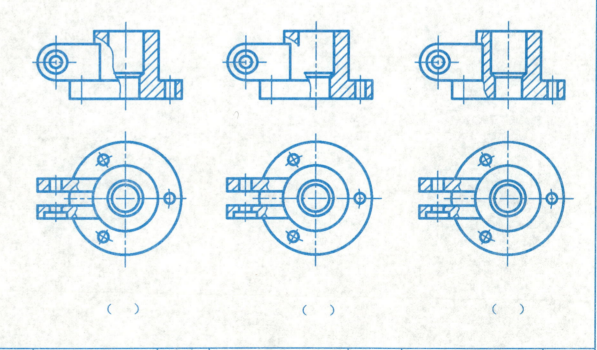

( )　　( )　　( )　　　　( )　　( )　　( )

专业班级　　姓名　　学号

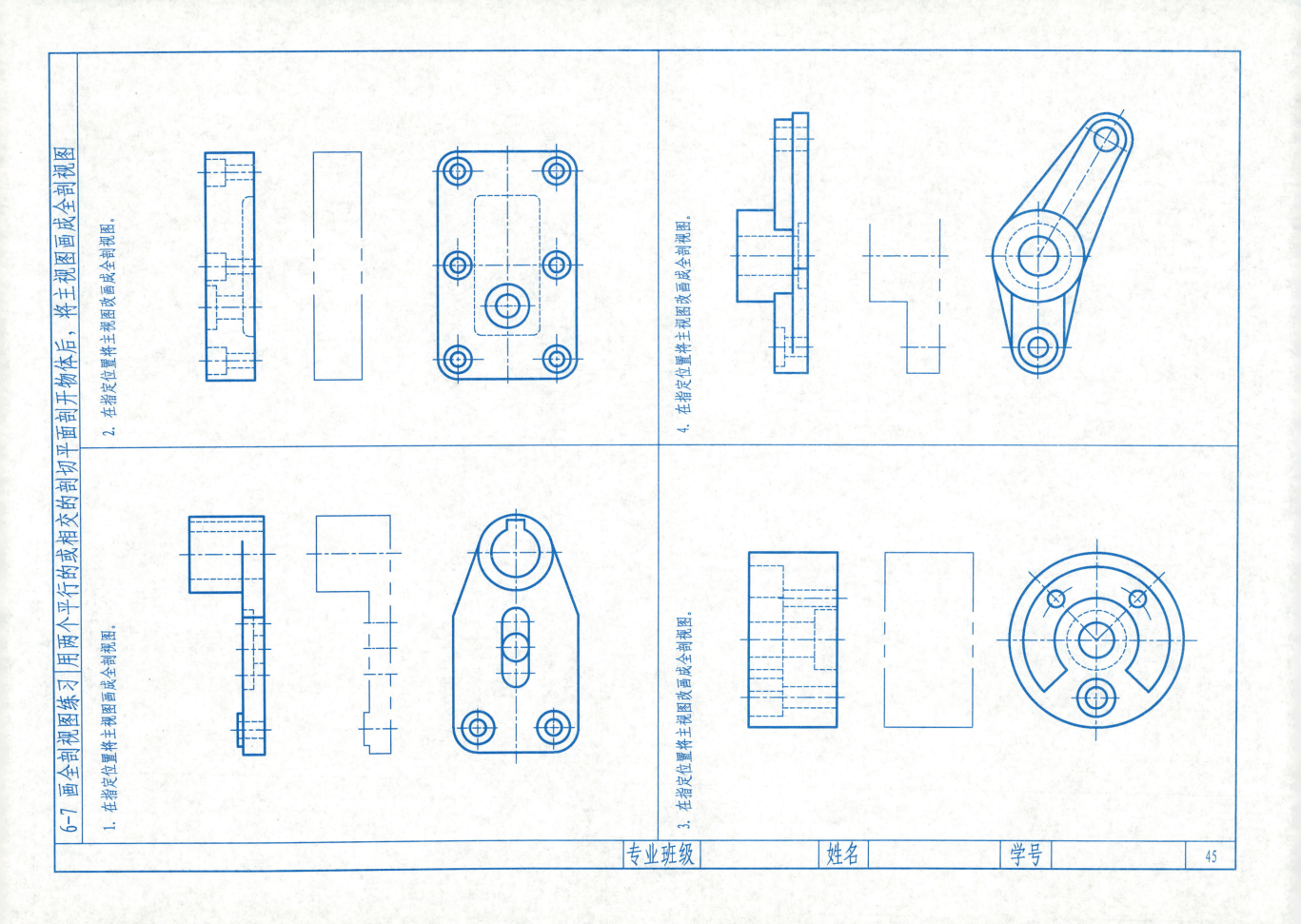

6-8 斜剖和组合剖视图

1. 画出A—A剖视图。

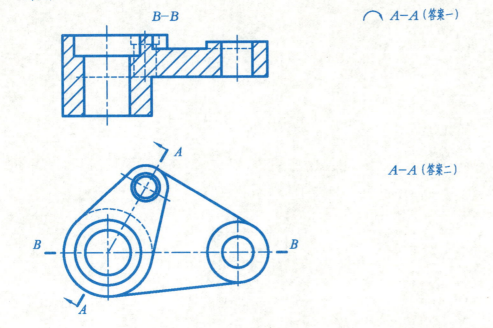

2. 画出A—A剖视图。

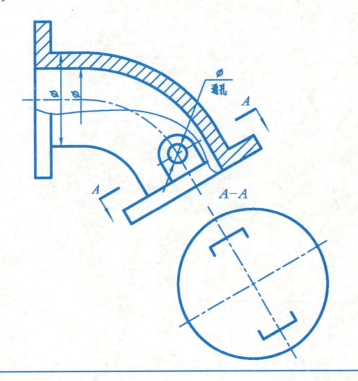

3. 在指定的位置，画出机件的全剖视图。

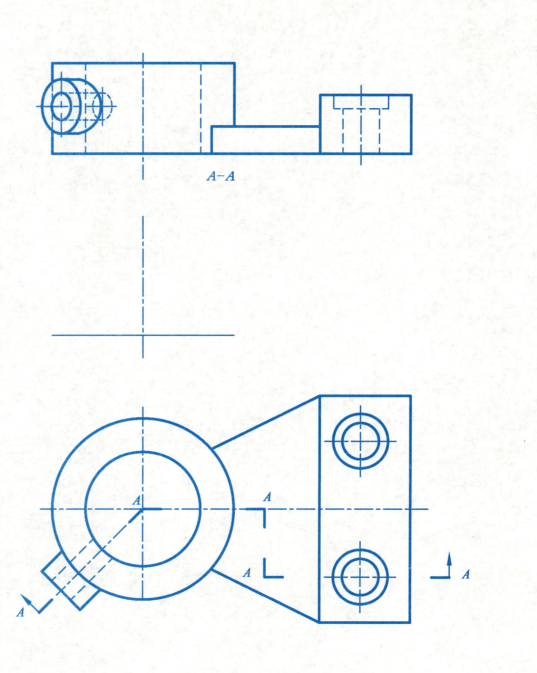

6-9 简化画法及综合练习

1. 在指定位置将主视图改画成全剖视图。

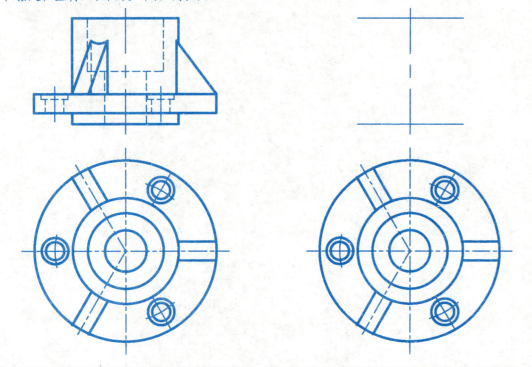

2. 按给出条件用简化画法表达出孔的分布。已知上凸缘均匀分布四个通孔，右侧凸缘均匀分布六个通孔。

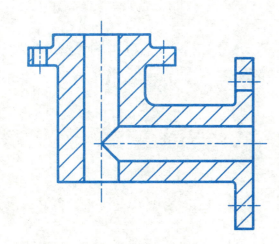

3. 零件的形状前后对称，参照主视图和立体图，确定表达方案，将机件充分表达清楚（比例1:1，尺寸从图中量取或读取）。

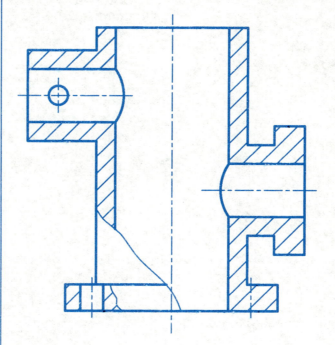

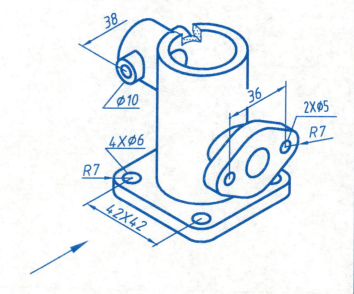

| 专业班级 | 姓名 | 学号 | 47 |

6-10 断面图

1. 在指定位置画出重合断面图。

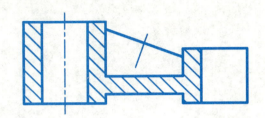

2. 按已给出的剖切位置，作出轴的移出断面图。

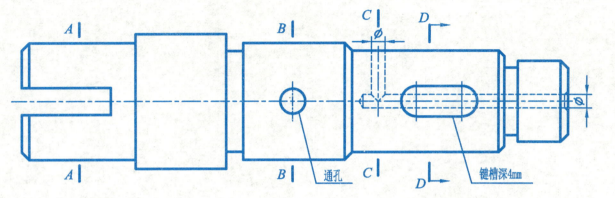

3. 画出 A—A 断面图。

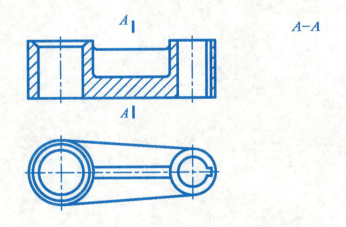

4. 下列四组移出断面图中，哪一组是正确的？（　　）

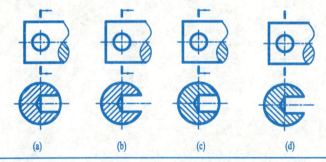

5. 对四种不同的 A—A 移出断面图有如下判断，哪一种判断是正确的？（　　）

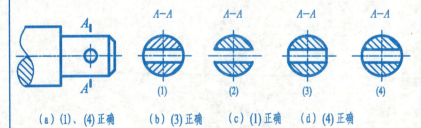

(a) (1)、(4) 正确　　(b) (3) 正确　　(c) (1) 正确　　(d) (4) 正确

6. 下列四组重合断面图中，哪一组是正确的？（　　）

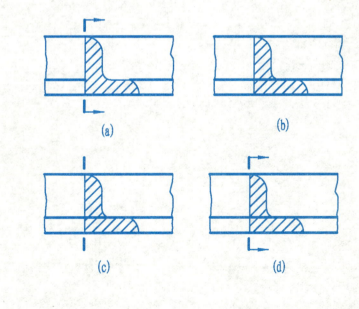

48

6-11 第三次大作业——表达方法综合应用

一、目的、内容与要求

1. 目的、内容：根据所给机件的视图，看懂机件的结构并选用适当的表达方法，将视图改画成剖视图、断面图和其他视图，并标注尺寸。本作业共四个分题，不同专业按需要完成其中1个或2个分题。

2. 要求：对指定的机件选择恰当的表达方法，将机件的内外形状表达清楚。

二、图名、图幅、比例

1. 图名：表达方法综合应用。
2. 图幅：A3图纸。
3. 比例：自定（1∶1或1∶2）。

三、绘图步骤与注意事项

1. 对所给视图进行形体分析，在此基础上选择表达方案。
2. 根据图幅和比例，合理布置各视图的位置。
3. 根据表达方案，逐步改画出各视图（剖视图、断面图和其他视图等），并标注尺寸，完成底稿。
4. 仔细检查、校核后，用铅笔加深。
5. 图面质量与标题栏填写的要求，同前面的作业。

1.

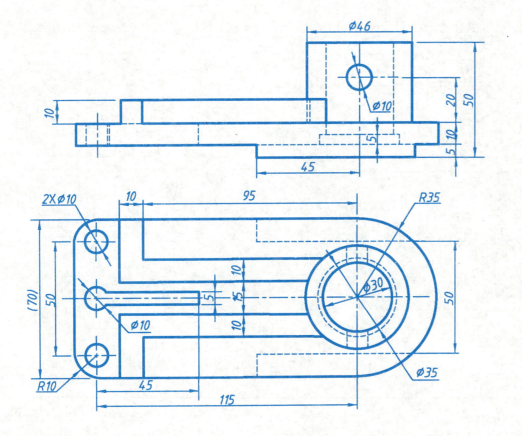

2.

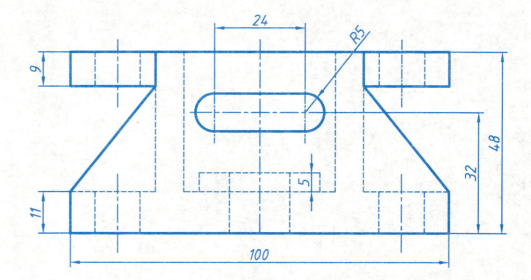

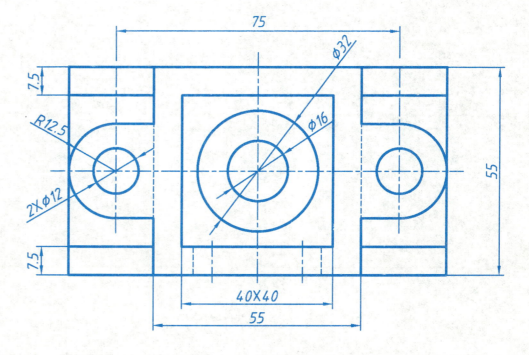

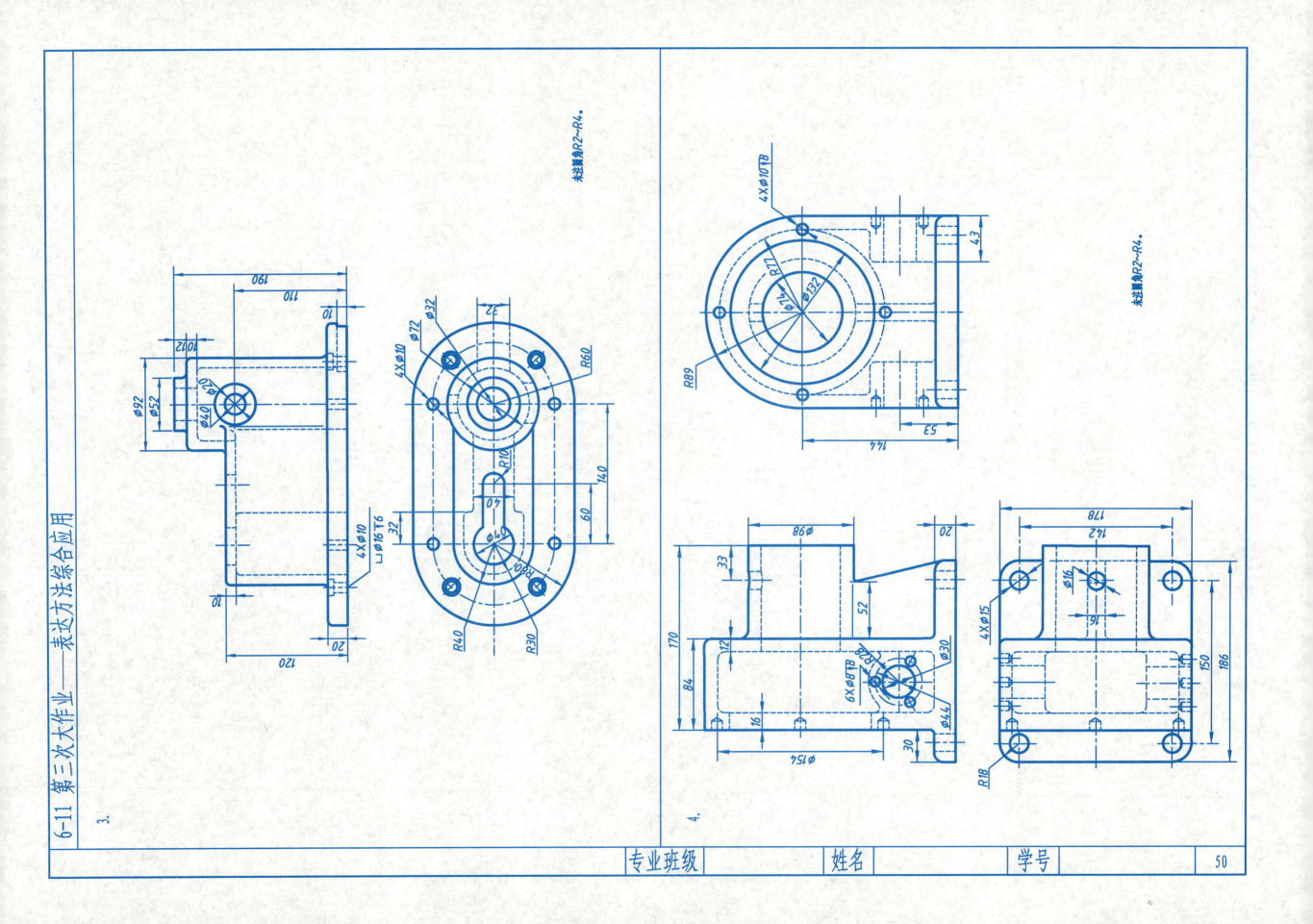

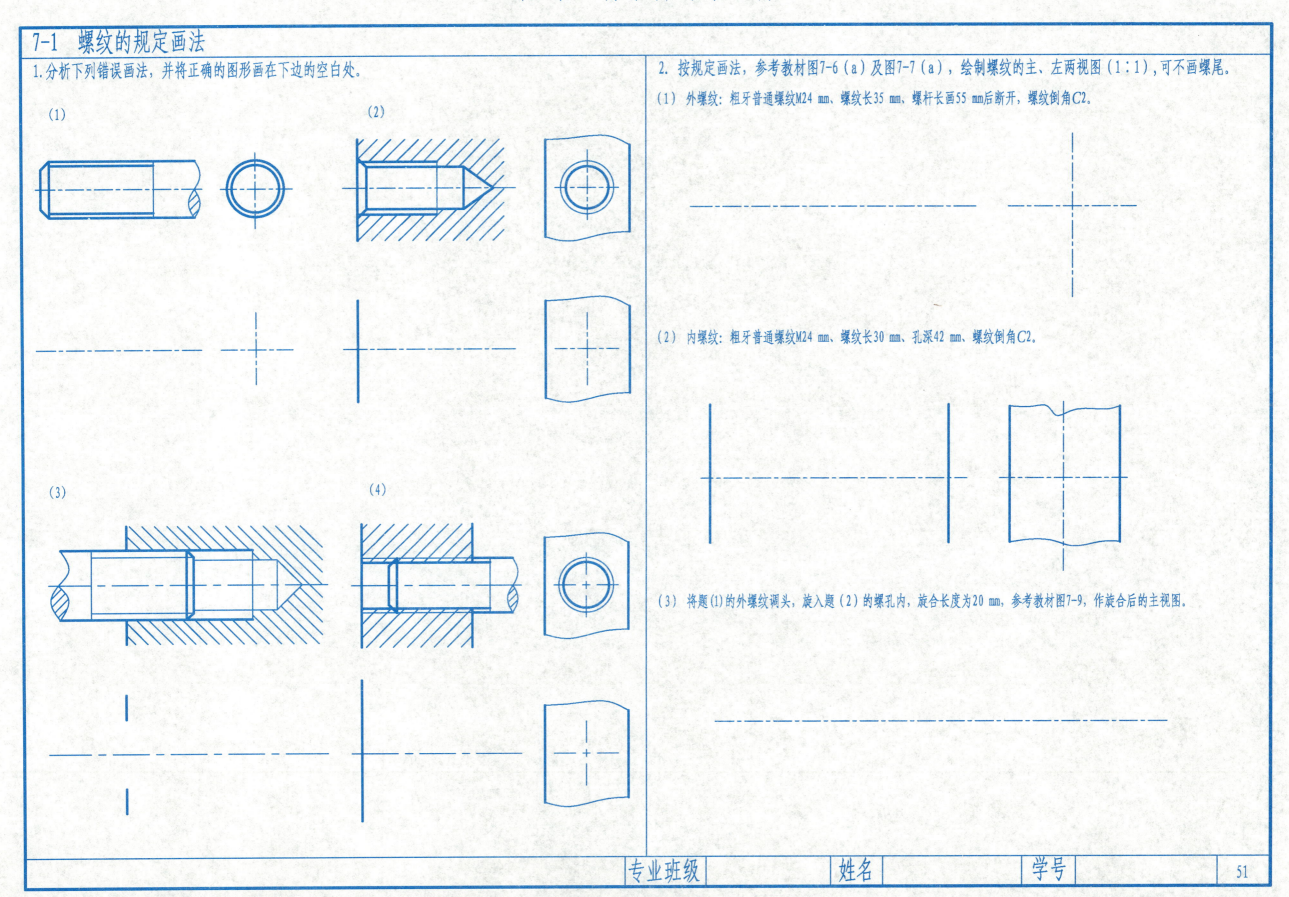

7-2 螺纹的标注

1. 在图上注出下列螺纹的规定标记。

(1) 粗牙普通螺纹：公称直径30 mm，螺距3.5 mm，单线，右旋，中等旋合长度，中径和顶径公差带代号均为6h。

(2) 细牙普通螺纹：公称直径24mm，螺距1.5mm，双线，左旋，短旋合长度，中径和顶径公差带代号均为6H。

(3) 梯形螺纹：公称直径24 mm，导程12 mm，双线，左旋，中径公差带代号为7e，中等旋合长度。

(4) 用螺纹密封的管螺纹，尺寸代号3/4。

2. 根据螺纹的标注，查表填空。

Tr20x8(P4)LH

(1) 该螺纹为_____螺纹；
公称直径为_____mm；螺距为_____mm；
线数为_____；旋向为_____。

G1/2

(2) 该螺纹为_____螺纹；
尺寸代号为_____；螺距为_____mm；
旋向为_____。

7-3 螺纹紧固件（一）

1. 查表填写下列各紧固件的尺寸。

(1) 六角头螺栓：螺栓 GB/T 5782—2016 M16×65。

(2) 开槽沉头螺钉：螺钉 GB/T 68—2016 M10×50。

2. 根据所注规格尺寸，查表写出各紧固件的规定标记。

(1) A级的Ⅰ型六角螺母。

(2) A级的平垫圈。

规定标记：_____

规定标记：_____

7-3 螺纹紧固件(二)

3.查表画出下列螺纹紧固件，并注出螺纹的公称直径和螺栓、螺钉的长度或螺母的厚度。

(1) 已知螺栓 GB/T 5782—2016 M24×80。画出轴线水平放置、头部朝左的主、左两视图(1:1)。

(2) 已知螺母 GB/T 6170—2015 M24。画出轴线水平放置的主、左两视图(1:1)。

(3) 已知开槽圆柱头螺钉 GB/T 65—2016 M8×30。画出轴线水平放置、头部朝左的主、左两视图(2:1)。

7-4 螺纹紧固件连接的画法

1.下列四组螺钉的画法，哪个画得正确？（　　）

(a)　(b)　(c)　(d)

A.(a)、(c) 正确；　　　　　　　B.(b)、(d) 正确；
C.(c) 正确；　　　　　　　　　D.(b) 正确。

2.找出下列螺栓连接的画法错误，并在指定位置画出正确的图形。

专业班级　　　姓名　　　学号　　　53

7-4 螺纹紧固件连接的画法

3. 已知螺柱 GB/T 898—1988 M16×40,螺母 GB/T 6170—2015 M16,垫圈 GB/T 97.1—2002 16。用比例画法作出连接后的主、俯视图(1∶1)。

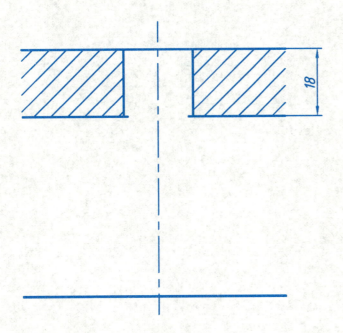

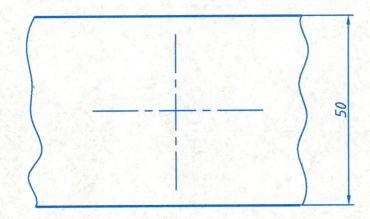

4. 已知螺钉 GB/T 67—2016 M8×30,用比例画法作出连接后的主、俯视图(2∶1)。

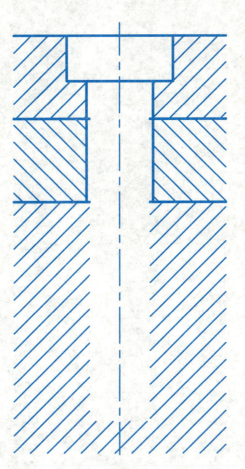

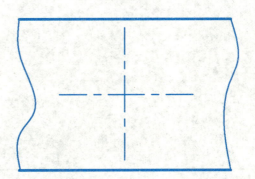

7-5 直齿圆柱齿轮的规定画法

1. 已知直齿圆柱齿轮模数$m=5$，齿数$z=40$，试计算该齿轮的分度圆、齿顶圆和齿根圆的直径。用1∶2完成下列两视图，并补全图中所缺的所有尺寸（除需要计算的尺寸外，其他尺寸从图中量取，取整数，各倒角均为C1）。

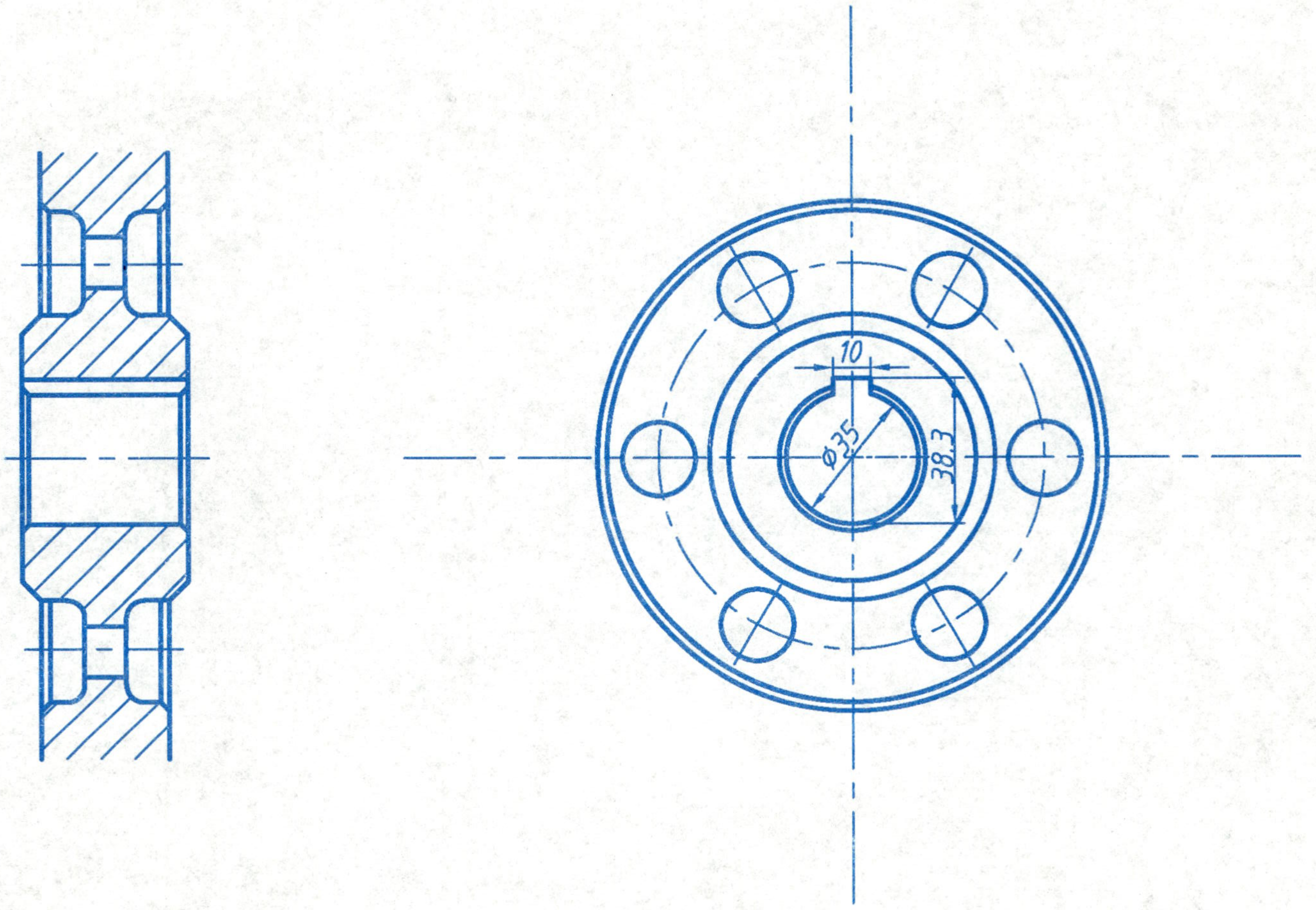

2. 已知大齿轮模数$m=4$，齿数$z_2=38$，两齿轮的中心距$a=116$ mm。试计算大小两齿轮的分度圆、齿顶圆和齿根圆的直径及传动比，用1∶2的比例完成下列直齿圆柱齿轮的啮合图，将计算公式写在图的左侧空白处。

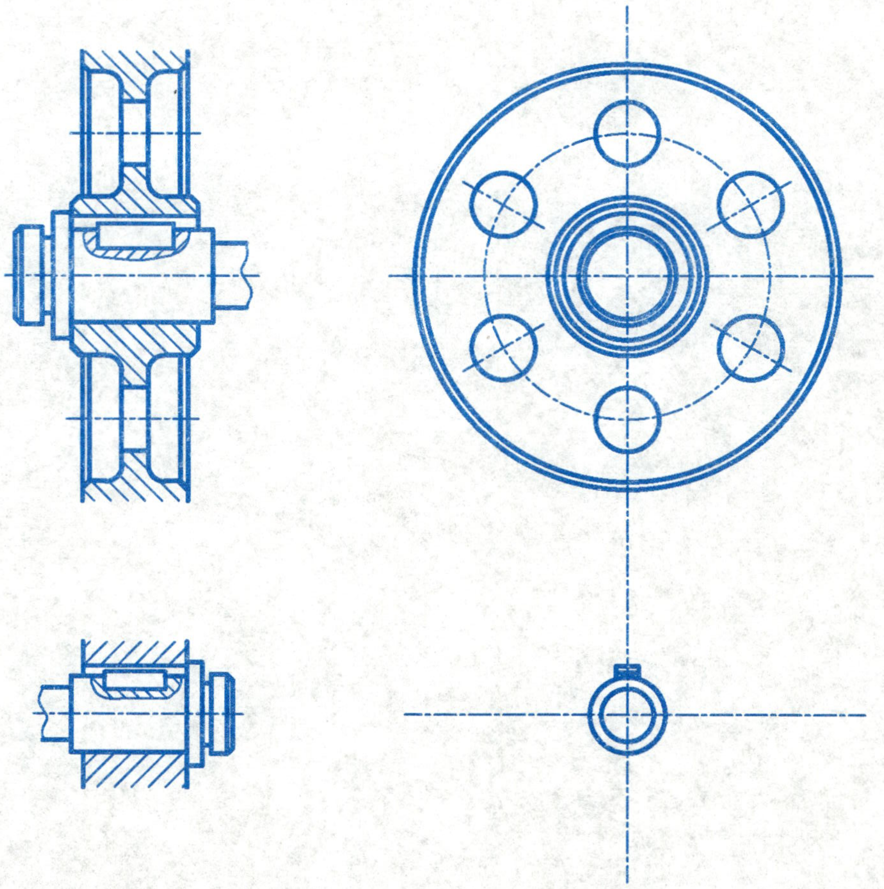

专业班级　　姓名　　学号

7-6 键、滚动轴承和弹簧的画法

1. 已知齿轮和轴，用A型普通平键连接，轴孔直径为25 mm，键的长度为25 mm。
   （1）写出键的规定标记。
   （2）查表确定键和键槽的尺寸，用1:1画全下列各视图和断面图，并标注键槽的尺寸。

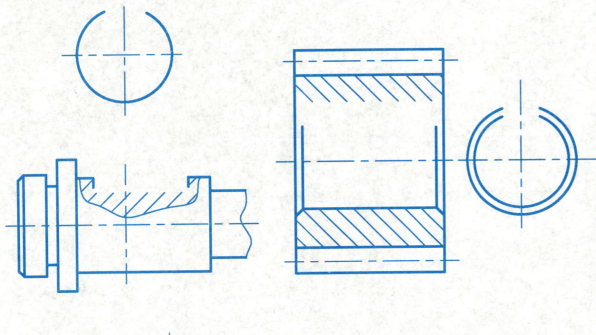

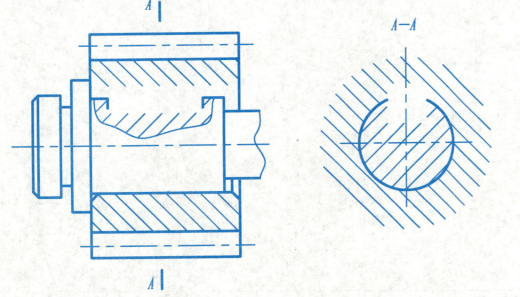

键的规定标记为 _____。

2. 已知阶梯轴两端支承轴肩处的直径分别为25 mm和15 mm，用1:1以规定画法画全支承处的深沟球轴承。

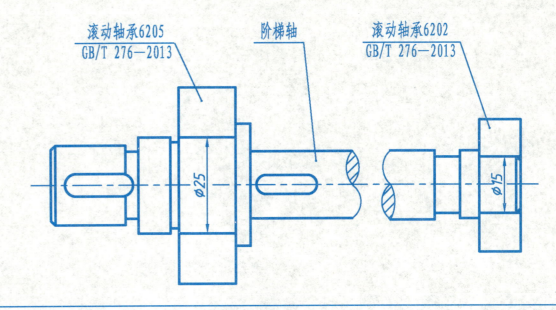

3. 已知圆柱螺旋压缩弹簧的材料直径 $d = 10$ mm，弹簧中径 $D = 45$ mm，自由高度 $H_0 = 130$ mm，有效圈数 $n = 7.5$，支承圈数 $n_2 = 2.5$，右旋。用1:1画出弹簧的全剖视图（轴线水平放置）。

第8章 零件图

8-1 零件表面结构要求

1. 按照轴测图和表中所给的表面结构要求，在图样中进行标注。

2. 根据表中所给的表面结构要求，在图样中进行标注。

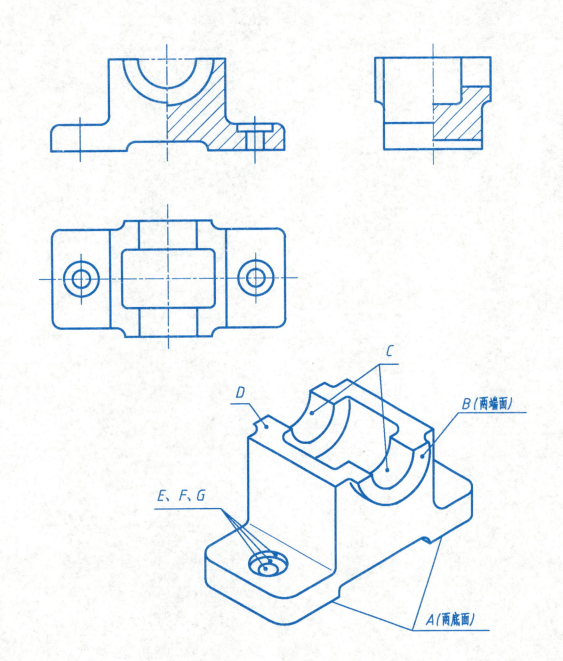

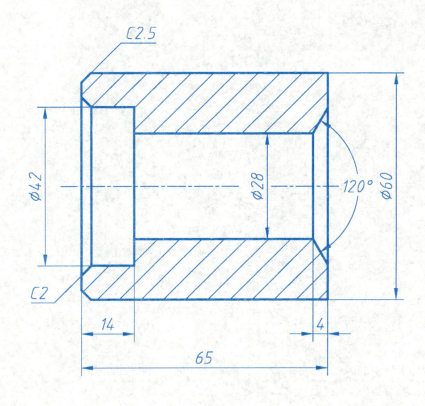

表面	A、B	C	D	E、F、G	其余
表面结构要求	Ra 6.3	Ra 1.6	Ra 3.2	Ra 12.5	毛坯面

表面	120°锥面	⌀42圆柱面	⌀28圆柱面	⌀60圆柱面	左端面	右端面	其余
表面结构要求	Ra 6.3	Ra 3.2	Ra 0.8	Ra 1.6	Ra 3.2	Ra 6.3	Ra 12.5

8-2 极限与配合、几何公差

1. 根据装配图中的配合代号，查表后在零件图中注出轴和孔的公称尺寸和上、下极限偏差，并填空说明属何种配合制度和配合种类。

(1) 齿轮内孔和轴配合采用基____制，是____配合。

(2) 圆柱销和轮毂上销孔采用基____制，是____配合。

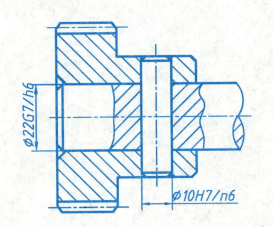

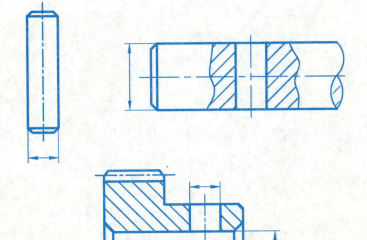

2. 根据装配图中的配合代号，查表确定轴和孔的上、下极限偏差值，并填空。

$\phi 30 \frac{H7}{k6}$ 表示____制____配合。

$\phi 30$ 表示_____。

k 表示_____。

6 表示_____。

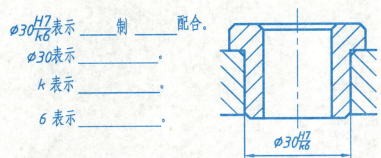

孔：上极限偏差为_____；

下极限偏差为_____。

轴：上极限偏差为_____；

下极限偏差为_____。

3. 根据轴和孔的上、下极限偏差，查表后在装配图上注出其配合代号。

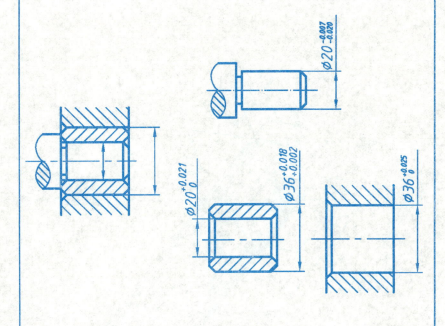

4. 解释所注几何公差的含义。

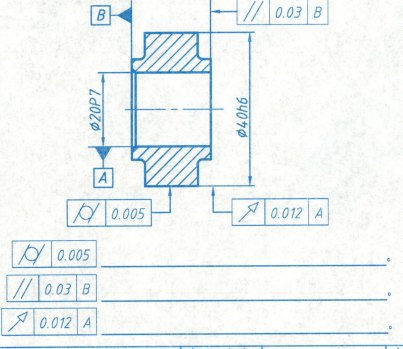

5. 将给定的几何公差按要求标注在图上。

(1) ø48g6的轴线对ø14H7轴线的同轴度公差为ø0.05。

(2) 右端面对ø14H7轴线的垂直度公差为0.15。

(3) ø48g6的圆柱度公差为0.03。

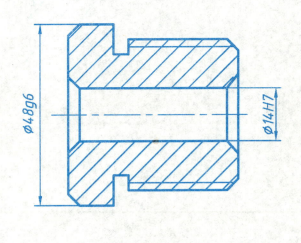

| 专业班级 | 姓名 | 学号 | 58 |

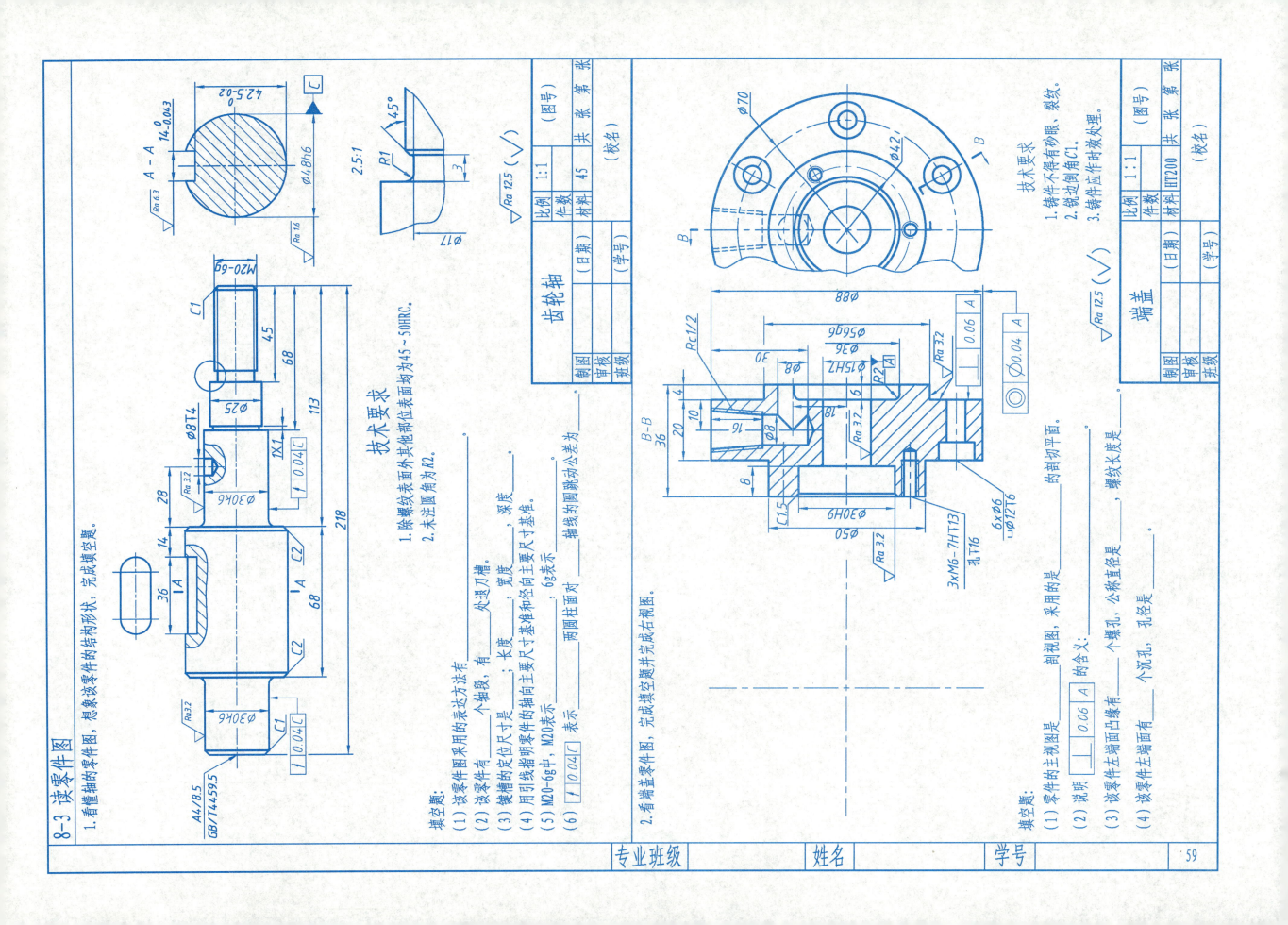

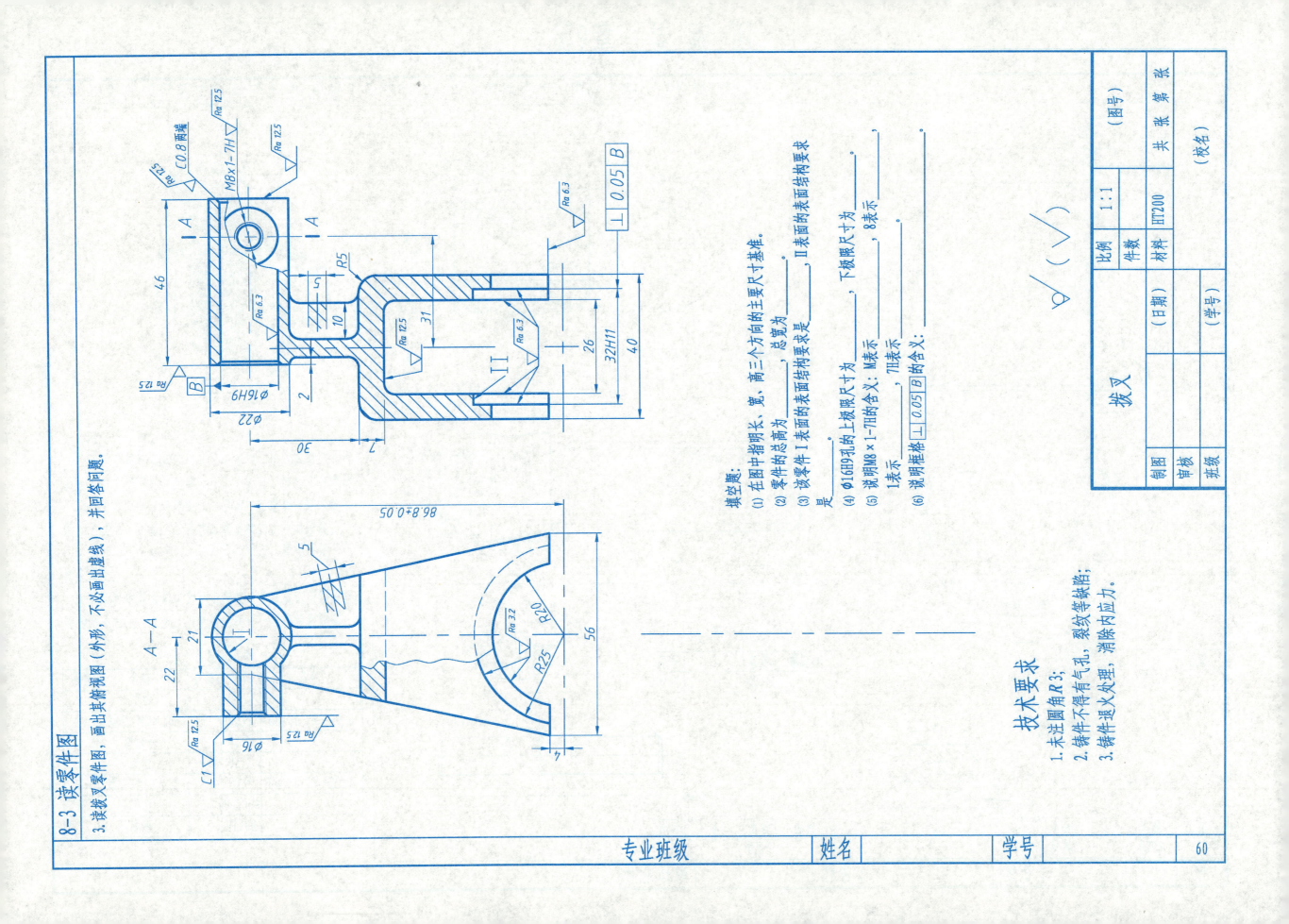

8-3 读零件图

4. 读底座零件图,在指定位置画出左视图的外形图,并回答问题。

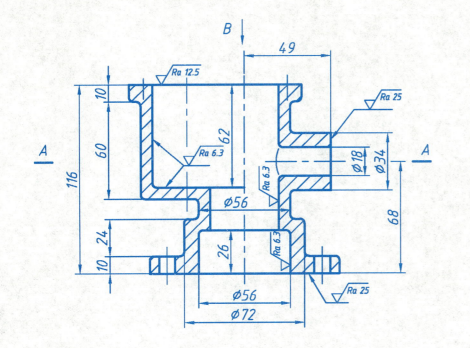

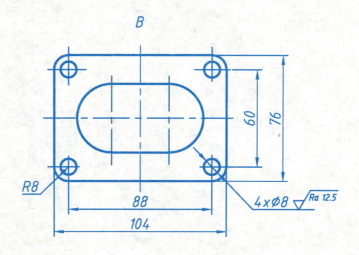

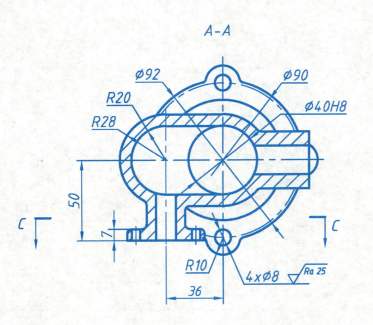

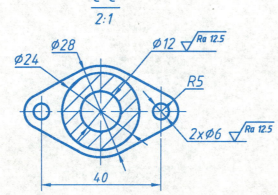

A—A

C—C
2:1

技术要求
1. 未注圆角R1～R3。
2. 铸件不得有气孔、裂纹等缺陷。

填空题:

(1) 用引线指明零件的长、宽、高三个方向的主要尺寸基准。

(2) C—C为_____图,画图比例为_____,B为_____图。

(3) 零件底面有_____孔,定形尺寸为_____,定位尺寸为_____。

(4) 该零件表面结构要求有_____种,它们分别是_____。

底座 比例 1:1 材料 HT150

8-4 第四次大作业——根据零件轴测图画零件图

一、内容

首先在方格纸上，根据零件轴测图徒手画出零件草图，然后用仪器及绘图工具画出零件图。

二、目的

1. 了解零件图的内容和要求，培养综合运用各种表达方法的能力。
2. 熟悉画零件图的方法和步骤，掌握零件草图和零件图的画法。
3. 练习在零件图上正确标注尺寸和技术要求。

三、要求

1. 表达方案合理，能完整、清晰地表达零件各部分的结构形状。
2. 视图投影正确，图线、文字符合标准。
3. 尺寸标注正确、完整、清晰，考虑合理性。
4. 正确标注表面结构、尺寸公差、几何公差等技术要求。

四、方法指导

1. 确定表达方案：根据各类典型零件的结构特点，首先选好主视图，再确定其他视图，应设想几种表达方案并进行反复比较，选定最优方案。
2. 画草图：应按规定绘制，草图经教师审阅后，再画零件图。
3. 画零件图：零件图的内容与草图内容相同，只是作图手段不同。画图时，应注意以下几点。

  （1）零件上各种工艺结构的画法。

  （2）标注尺寸时应选择合理的基准；零件上的标准结构（如圆角、倒角、退刀槽、螺纹、键槽、销孔等）的尺寸应查对标准后确定。

  （3）表面粗糙度 Ra 值及尺寸公差、几何公差的数值可参照教材中的有关内容和表格，用类比法确定，或由教师给出。

1. 轴。
材料：45钢

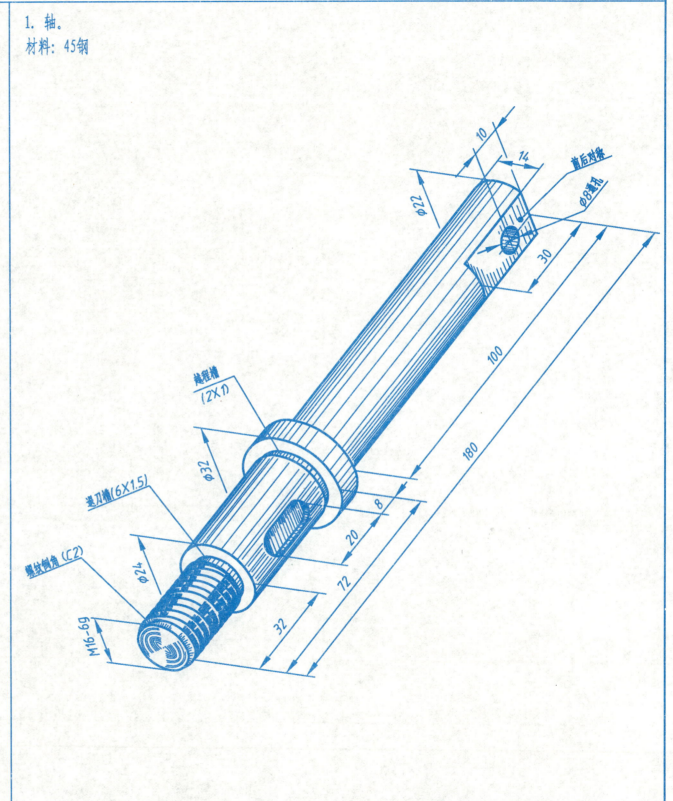

8-4 第四次大作业——根据零件轴测图画零件图

2. 端盖。
材料：HT150

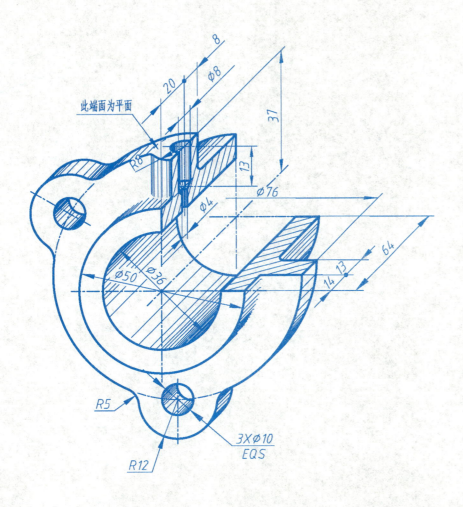

3. 壳体。
材料：HT200

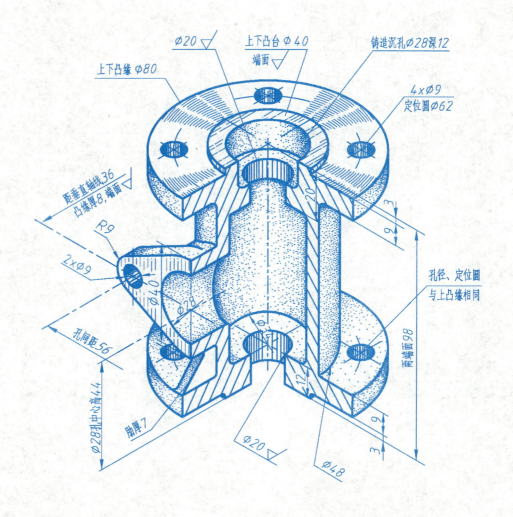

第9章 装配图

9-1 由零件图拼画装配图 千斤顶：根据千斤顶的轴测图和零件图在A3图纸上按1:1绘制装配图

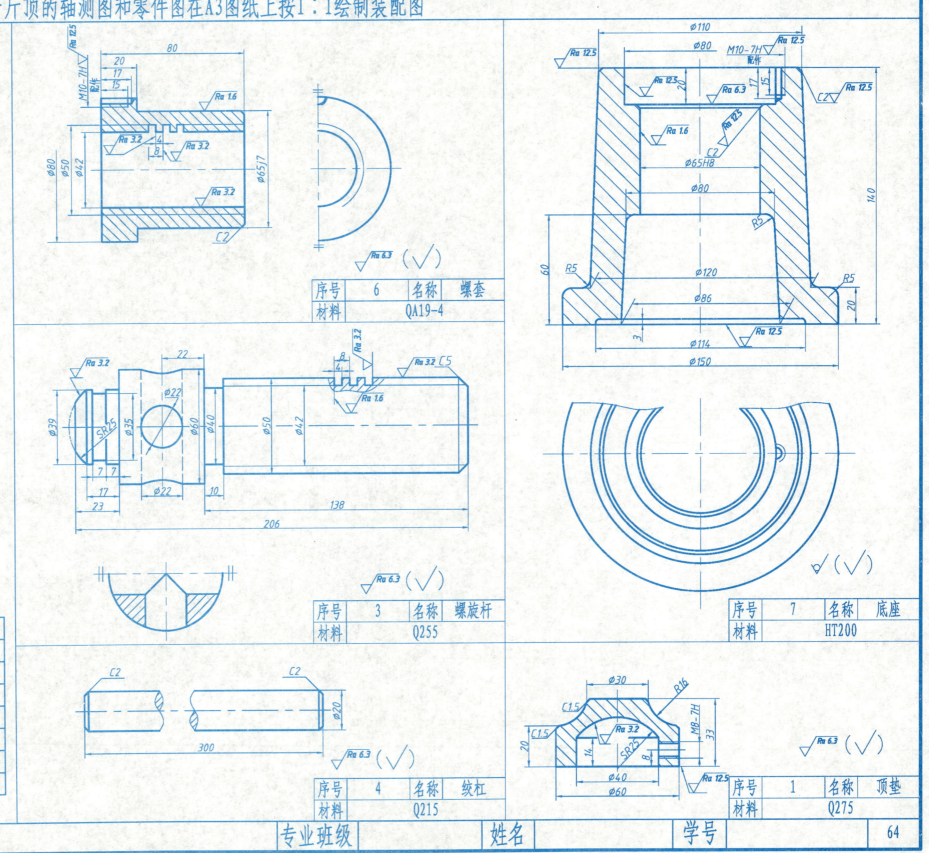

附：千斤顶工作原理

千斤顶利用螺旋传动来顶举重物，是汽车修理和机械安装中一种常见的起重工具。工作时，绞杠穿在螺旋杆顶部的圆孔中，旋转铰杠，螺旋杆在螺套中靠螺纹做上下移动。顶垫上的重物靠螺旋杆的上升而顶起。

螺套嵌压在底座中，并用螺纹固定，磨损后便于更换、修配。

螺旋杆的球面形顶部套上顶垫，靠螺旋钉与螺旋杆连接而不固定，以防止顶垫随螺旋杆一起旋转而脱落。

千斤顶零件表

序号	名称	数量	材料	备注
1	顶垫	1	Q275	
2	螺钉 M8×16	1	Q235	GB/T 75—2018
3	螺旋杆	1	Q255	
4	铰杠	1	Q215	
5	螺钉 M10×12	1	Q235	GB/T 73—2017
6	螺套	1	QA19-4	
7	底座	1	HT200	

专业班级　　姓名　　学号

9-1 由零件图拼画装配图 夹紧卡爪：根据夹紧卡爪的装配示意图及零件图，用A3图纸按1：1绘制装配图，画出主、俯、左视图

夹紧卡爪装配示意图（其中标准件两种）

夹紧卡爪工作原理

夹紧卡爪是组合夹具，在机床上用来夹取工件。它由8种零件组成（见示意图）。

卡爪1底部与基体4凹槽相配合（34 H6/h6）。螺杆2的外螺纹与卡爪的内螺纹连接，而螺杆的缩颈被垫铁3卡住，使它只能在垫铁中转动，而不能沿轴向移动。垫铁用2个螺钉8固定在基体的弧形槽内。为了防止卡爪脱出基体，用前、后2块盖板（5与7）加6个内六角圆柱头螺钉6连接基体。

当用扳手旋转螺杆2时，靠梯形螺纹传动使卡爪在基体内左右移动，以便夹紧或松开工件（主视图左侧用双点画线所示）。

6—螺钉 GB/T 70.1—2008 M8×16（6件）；8—螺钉 GB/T 71—1985 M6×12（2件）

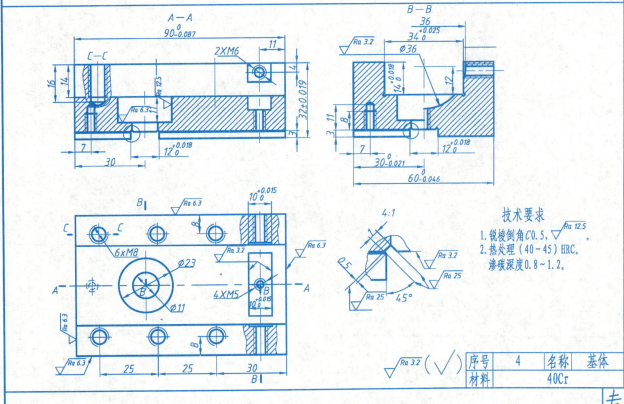

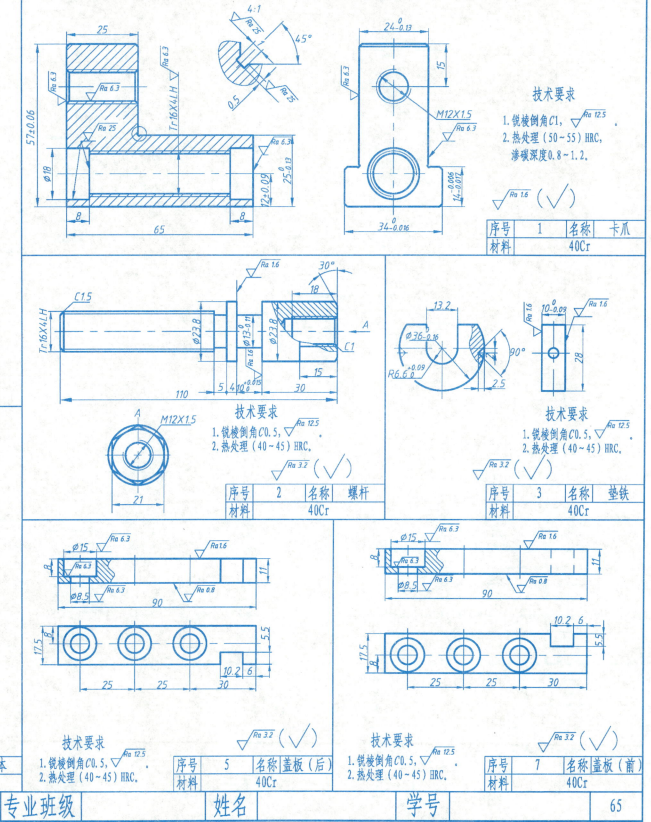

65

9-1 由零件图拼画装配图 手压阀：根据手压阀的轴测图和零件图在A3图纸上按1:1绘制装配图，画出主、俯、左视图

一、工作原理

手压阀是吸入和排出液体的一种手动阀门。当握住手柄2向下紧阀杆4时，阀杆压缩弹簧8向下移动，入口开通，此时液体排出；当手柄抬起时，弹簧松开，阀杆向上紧贴阀体，液体则不再通过。

二、作业提示

1. 了解部件工作原理和每个零件的作用及结构。
2. 选择装配图表达方案拼画装配图。
3. 绘图时，先画阀体7，再画阀杆4（按阀杆最高极限位置作图），使阀杆的90°锥面与阀体的90°锥面接触。

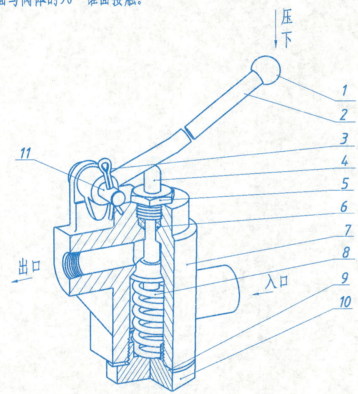

手压阀零件表

序号	名称	数量	材料	备注
1	球头	1	胶木	
2	手柄	1	20	
3	销 4×18	1	45	GB/T 91
4	阀杆	1	45	
5	螺套	1	Q235	
6	填料	1	石棉	
7	阀体	1	HT150	
8	弹簧	1	65Mn	
9	胶垫	1	橡胶	
10	调节螺母	1	Q235	
11	销钉	1	20	

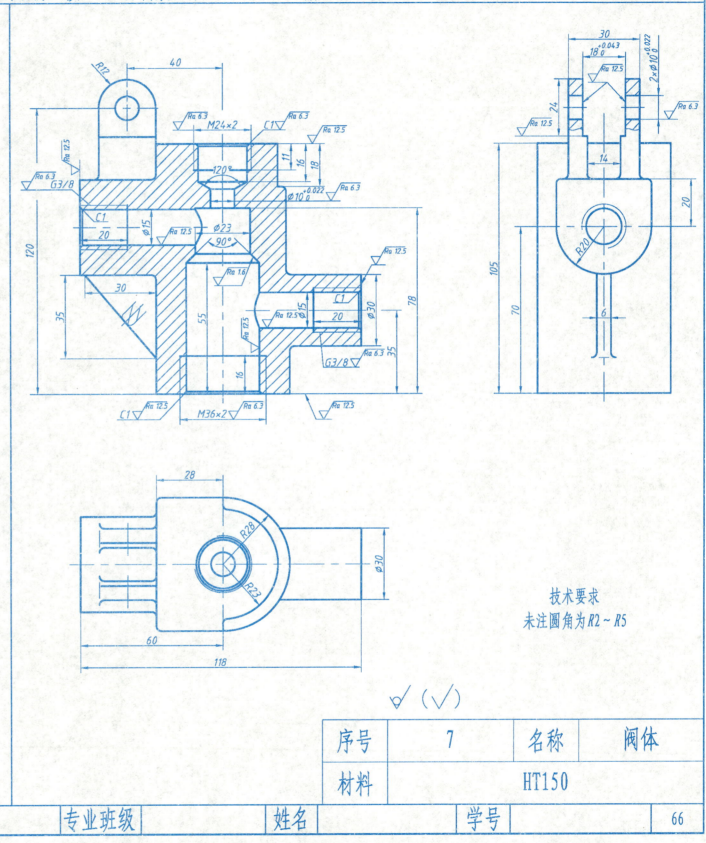

技术要求

未注圆角为 R2~R5

序号	7	名称	阀体
材料		HT150	

专业班级		姓名		学号	

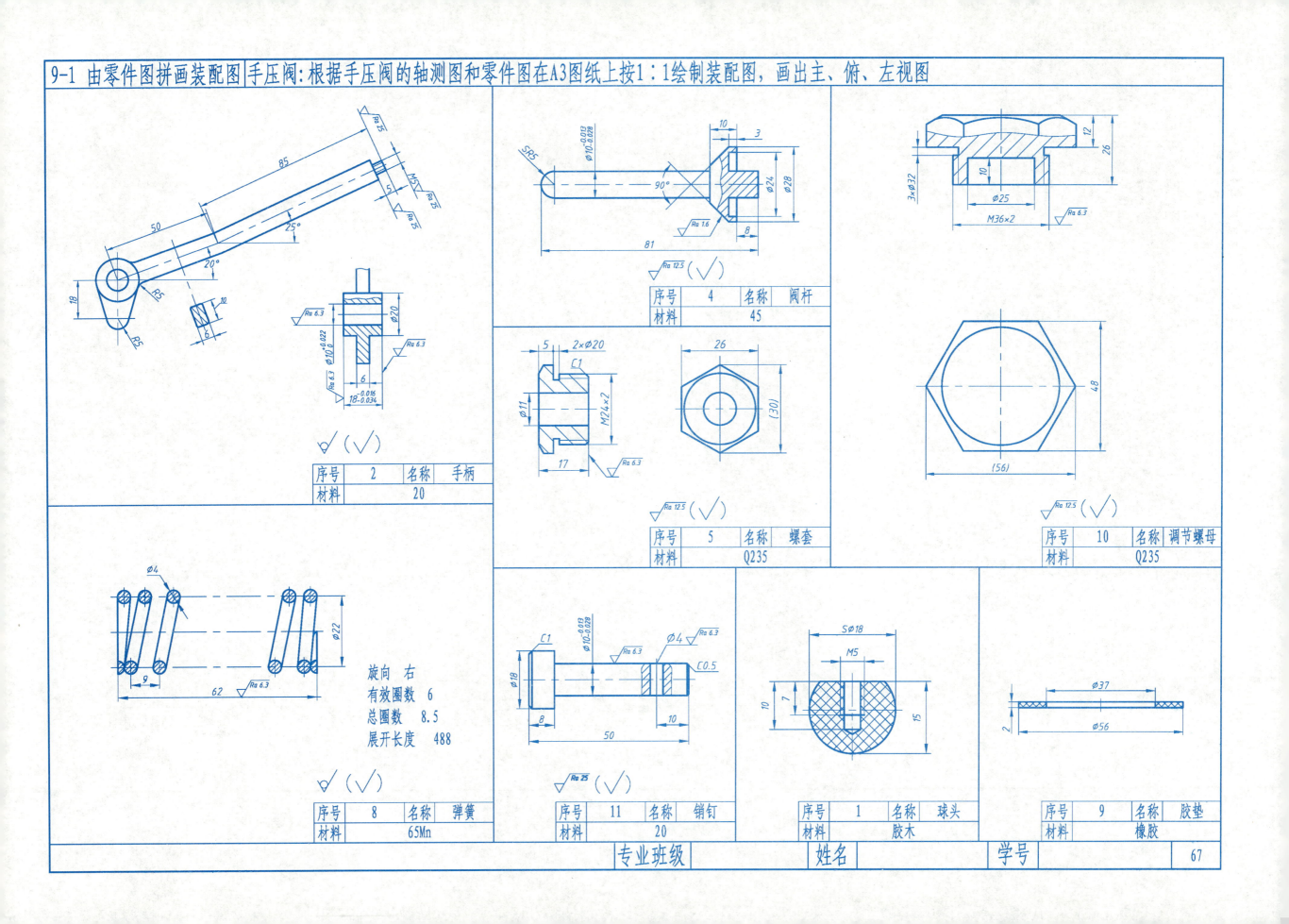

9-2 读装配图和由装配图拆画零件图

读装配图和由装配图拆画零件图

一、作业内容

读装配图和由装配图拆画零件图可选用部件：换向阀、立式柱塞泵、车阀盖小头夹具、手压阀、齿轮泵。

二、作业目的

1. 学习看装配图，提高看图能力。
2. 学习拆画零件图的方法和步骤，进一步提高画零件图的能力。

三、作业指示

1. 按指定题目，分析部件的表达方法，根据工作原理的说明，弄清部件的用途、工作原理、各零件间的装配关系和零件的主要结构、形状。并按要求回答问题，以便检查是否真正读懂装配图。
2. 根据装配图，按要求拆画指定零件的零件图。

四、部件的工作原理及读图要求

1. 换向阀

(1) 工作原理

换向阀用于控制流体管路中流体的输出方向。在图示情况下，流体从右边进入，因上出口不通，就从下出口流出。当转动手柄4，使阀门2旋转180°时，则下出口不通，就从上出口流出。根据手柄转动角度的大小，还可以调节出口处的流量。

(2) 根据装配图回答问题

a. 读懂换向阀装配图，该装配图采用了哪些表达方法？

b. 根据课程需要，可拆画零件1（阀体）、零件2（阀门）、零件3（锁紧螺母）的零件图。

2. 立式柱塞泵

(1) 工作原理

柱塞泵是润滑管路系统中的供油装置，它依靠柱塞6的上下移动达到泵油的目的。柱塞的下移是靠凸轮压下，而上移是靠弹簧顶上去。当没有凸轮外力时，柱塞6在弹簧12的作用下向上移动，使泵腔体积增大，压力变小而形成负压，油在大气压力下顶开进油阀11进入泵腔，出油阀2关闭。当凸轮下压滚动轴承8时，柱塞6下移，油腔容积变小，油压增大，进油阀关闭，高压油顶开出油阀而排出。如此往复循环起到供油的作用。

(2) 根据装配图回答问题

a. 读懂柱塞泵装配图，该装配图采用了哪些表达方法？

b. 柱塞泵采用了哪些密封结构？

c. 说明泵体1和柱塞6的结构特点，拆画泵体1和柱塞6的零件图。

3. 车阀盖小头夹具

(1) 工作原理

该夹具是在车床上加工阀盖小头的专用夹具。它被安装在车床主轴上，由主轴左端气动操纵杆实现件7（球面螺钉）的轴向移动。当件7向左移动时，带动件6（铰链压板）向左移动，这时，位于件6两端并由件14（销轴）连接的件10（两个钩形压板）在件11（套筒）内向左移动，实现被加工零件阀盖的夹紧。反之，当件7向右移动，则使件10向右移动，被加工件即可卸下。

(2) 根据装配图回答问题

a. 读懂车阀盖小头夹具装配图，该装配图采用了哪些表达方法？

b. 说明件1、6、8、11和12的结构特点及其作用。

c. 解释装配图中$\phi 81H8/h7$、$\phi 18H8/s7$、$\phi 12H8/f7$及$\phi 7H8/f7$的意义。

d. 根据课程需要，可拆画件1（盘根）、12（夹具体）、6（铰链压板）、10（钩形压板）、11（套筒）的零件图。

4. 手压阀

(1) 工作原理

在管路系统中，手压阀依靠阀杆4的上下移动达到管路的导通和截止。当压杆3在外力作用下下压时，阀杆4向下移动，弹簧10被压缩，阀体1的空腔导通，管路中的流体可以流动；当压杆3的外力撤除时，收缩的弹簧向上顶压阀杆4，将阀体1的空腔上下隔开，使得管路被截止。如此往复循环起到管路的导通和截止作用。

(2) 根据装配图回答问题

a. 读懂手压阀装配图，该装配图采用了哪些表达方法？

b. 手压阀采用了哪些标准件？分别起到了什么作用？

c. 解释装配图中$\phi 18H7/h6$、$42H8/f7$、$\phi 10F8/h7$的含义。

d. 说明阀体1、托架2和填料盖螺母5的结构特点，拆画它们的零件图。

5. 齿轮泵

(1) 工作原理

齿轮泵是机器中用来输送润滑油的一个部件，它依靠一对齿轮的高速旋转来输送润滑油。从右视图中可见，当齿轮轴16作逆时针方向转动时，齿轮15作顺时针方向转动，在泵体1上方进油处产生局部真空，压力降低，油被吸入，油随齿轮的齿隙被带到下方出油处压出。当齿轮连续转动时，齿轮泵就起到加压供油作用。

(2) 根据装配图回答问题

a. 读懂齿轮泵装配图，该装配图采用了哪些表达方法？各视图表达的重点是什么？

b. 画出两个齿轮的旋转方向，分别指出进、出油口。

c. 拆画零件9（泵盖）、零件1（泵体）的零件图。

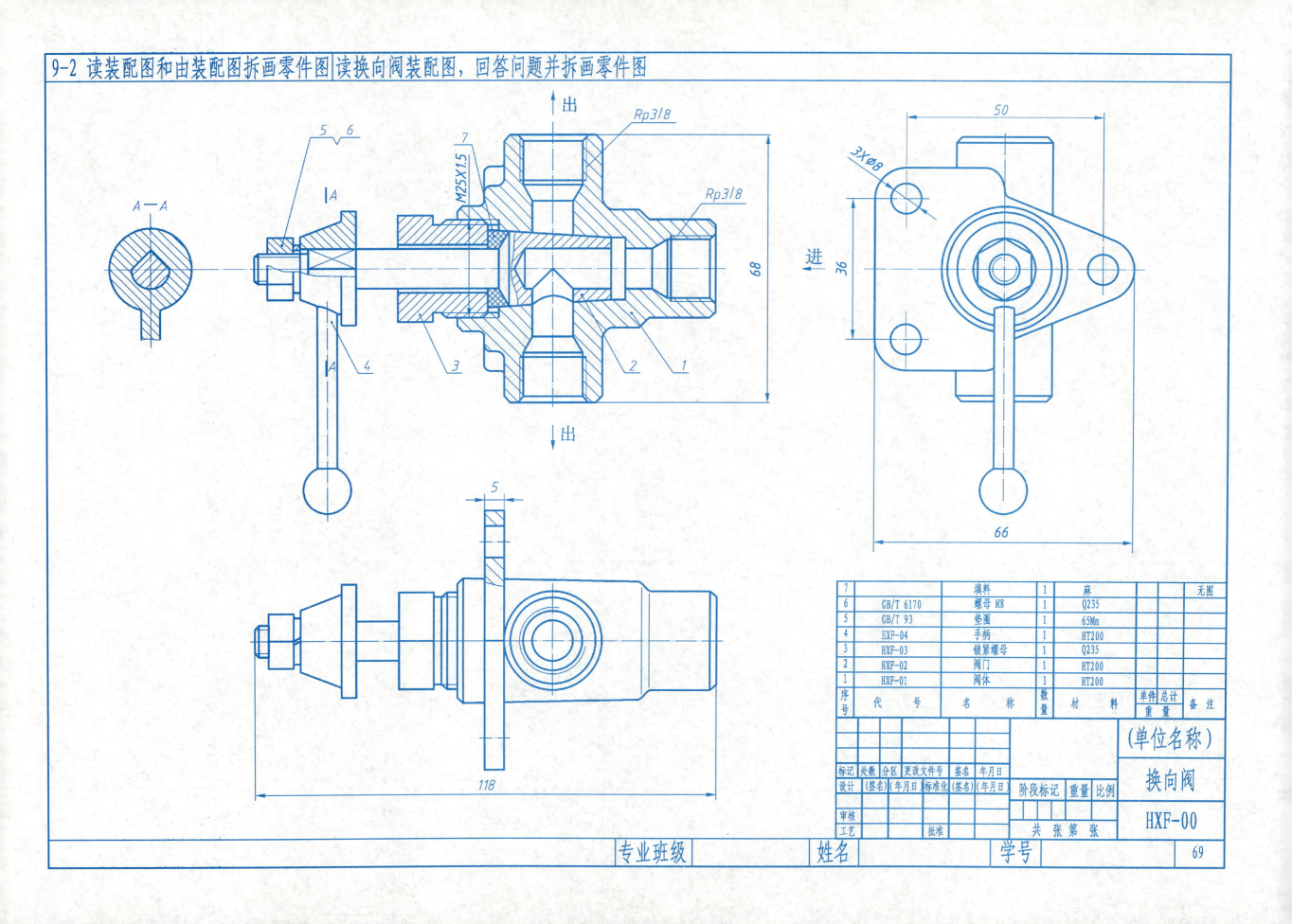

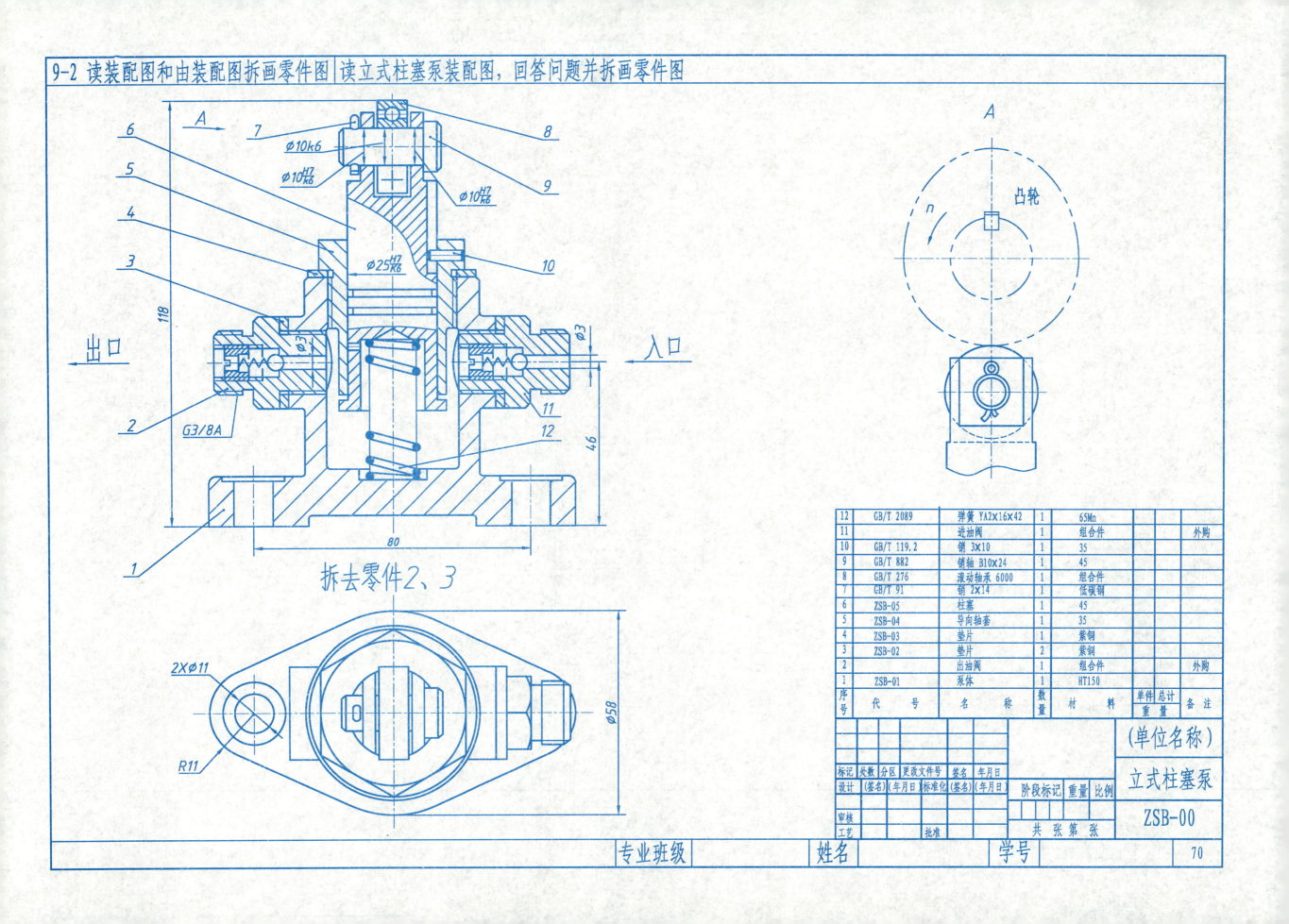

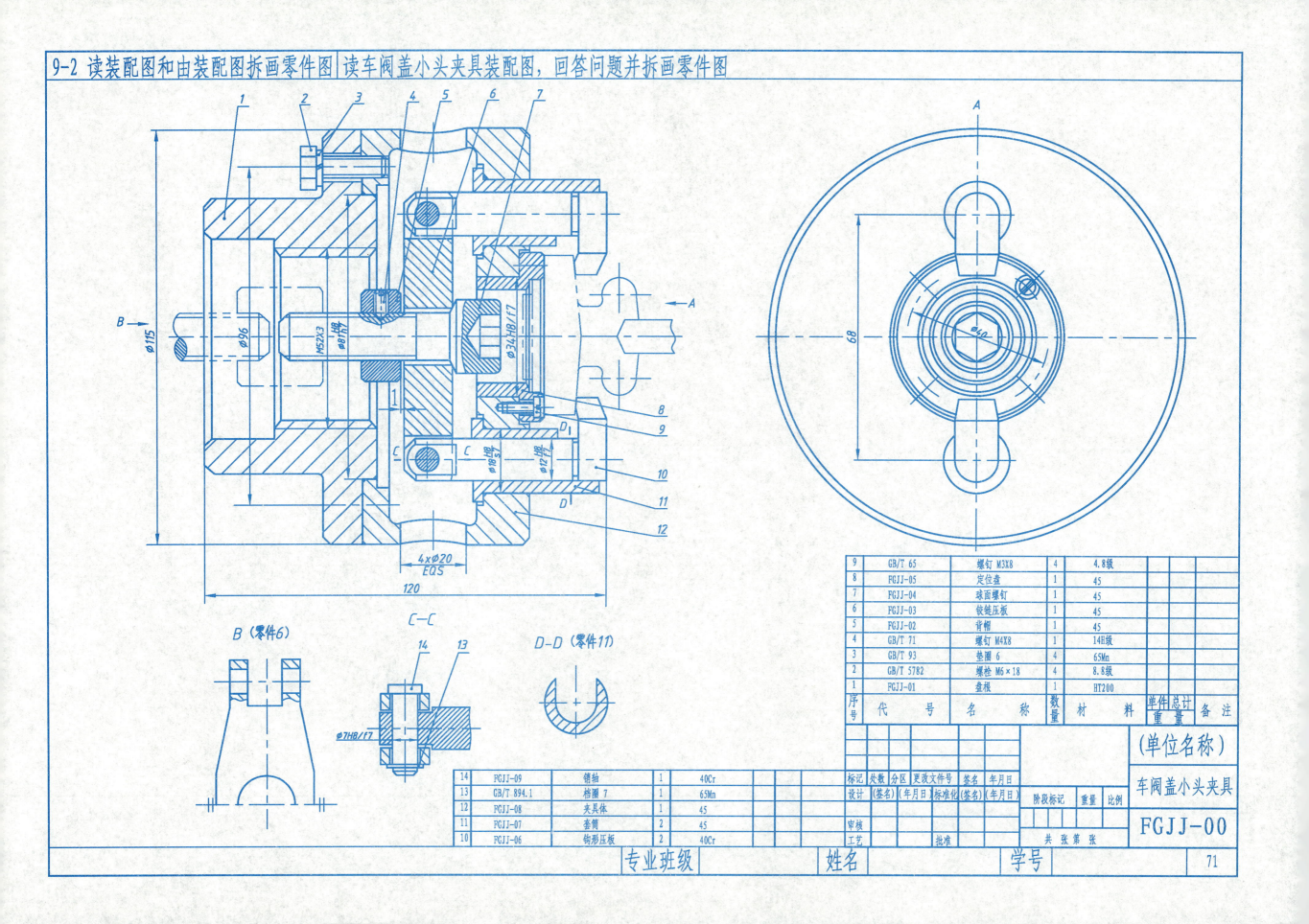

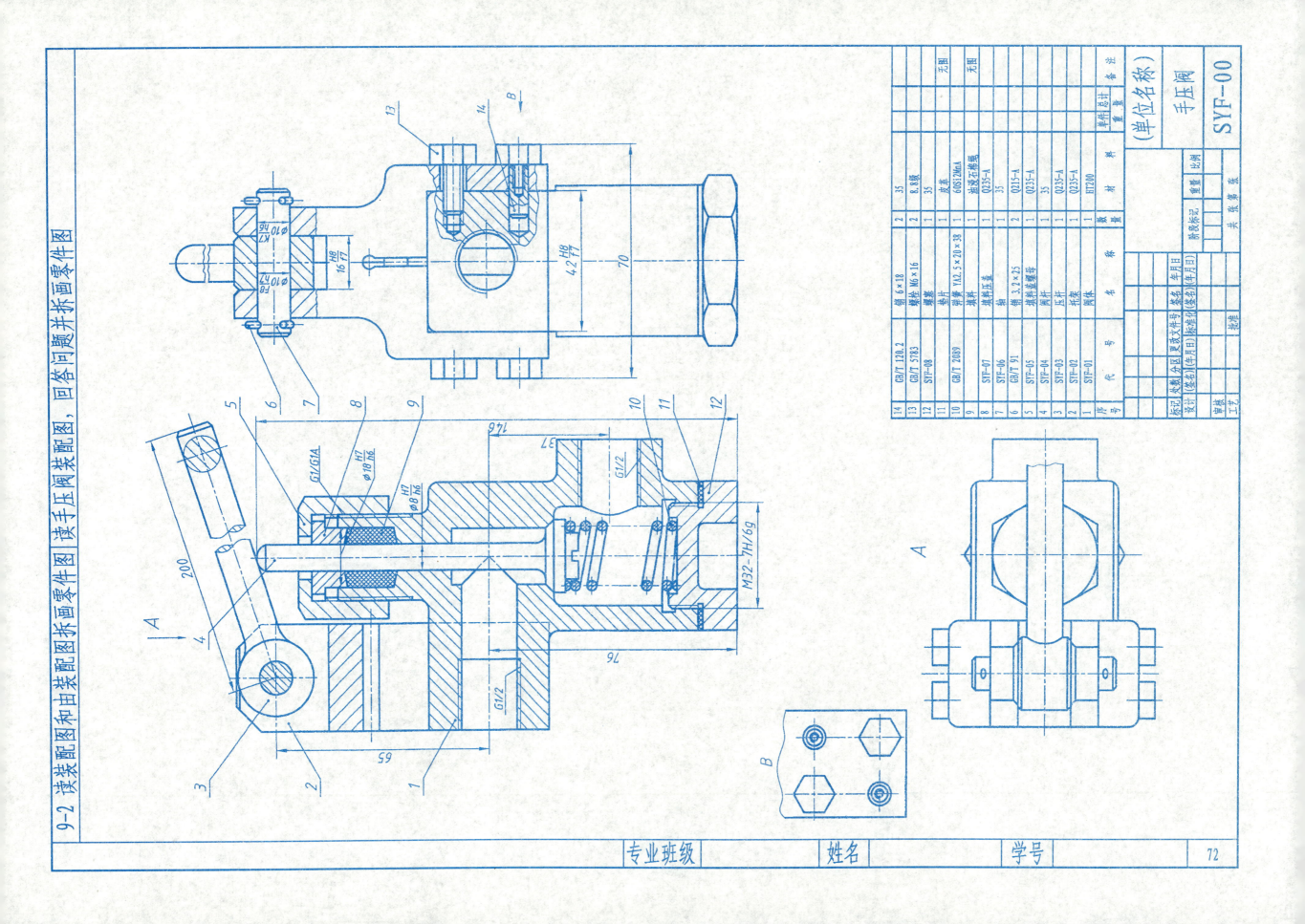

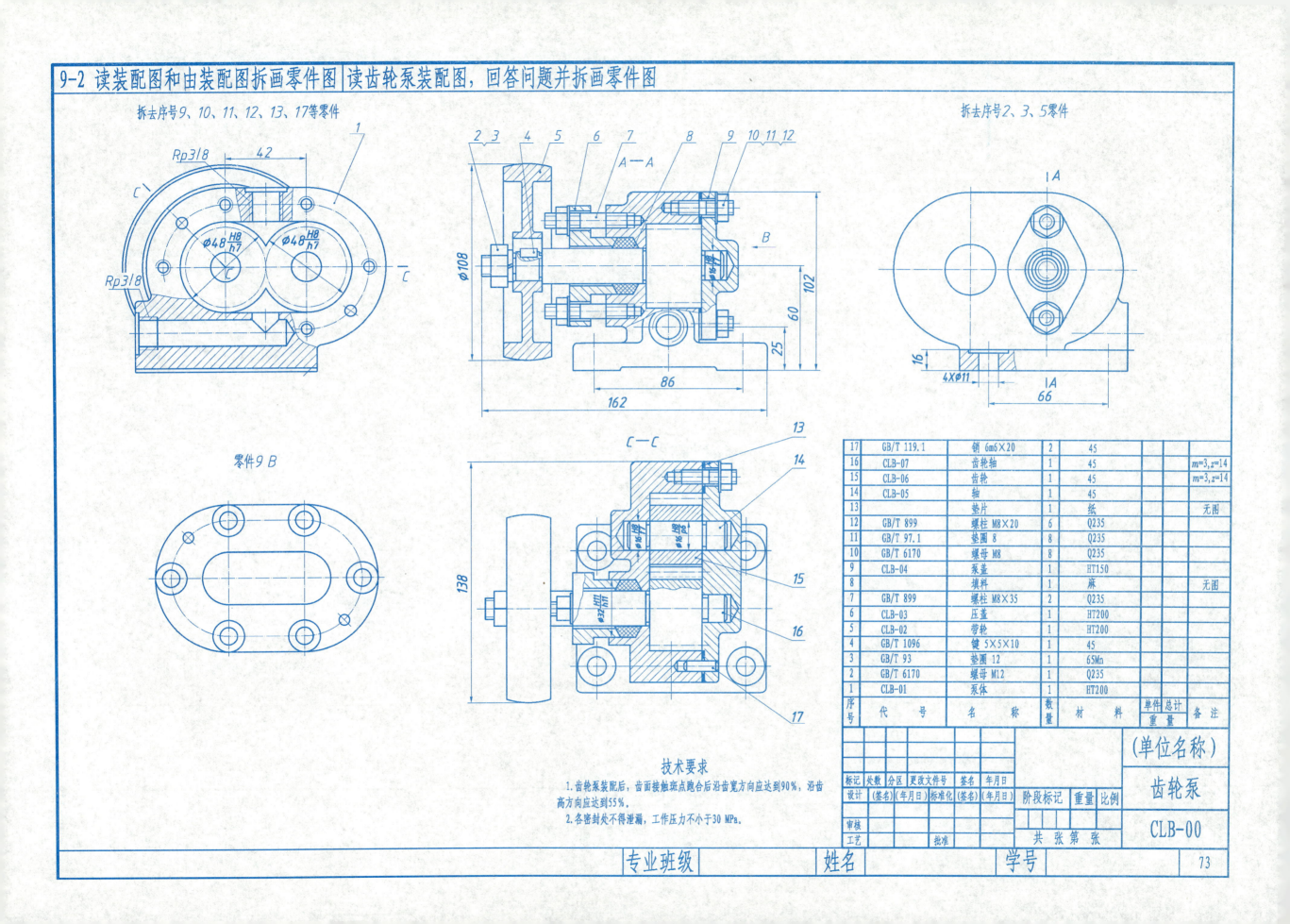